你不可不知的

外星人与UFO之谜

总策划/邢 涛　主编/龚 勋

U0247065

汕头大学出版社

前言

令人惊叹的外星人与UFO之谜……

FOREWORD

浩瀚无边的宇宙就像一个宝藏，不断激发着人类的探索欲。就在科学家们马不停蹄地探索宇宙时，地球上出现的一个个神奇谜团为人类打开了另一条探索地外智慧生命的道路。可怕的植入手术、神秘"黑衣人"恐吓目击者、UFO攻击人类、新西兰奇特的UFO群……种种奇闻令人心生疑问：外星人与UFO是否真的存在呢？他们来到地球的目的是什么？巨石像、丛林石球等令人叹为观止的景象都出自外星人之手吗？

带着这些疑问，我们将视线投向了世界各处神奇的文明景观及UFO事件，并精心编写了这本《你不可不知的外星人与UFO之谜》。书中收录了大量惊心动魄的故事、极为典型的案例以及具有权威性的观点，为读者带来视觉的饕餮大餐，带领读者去破解UFO和外星人踪迹的真相。此外，在每个故事开始前，我们还设置了两个有趣的问题作为阅读提示。而"探索与发现"这个栏目的设置，更为本书增添了不少趣味性和可读性。

求知之旅，任重道远，这需要读者具备探索未知世界的热情和非凡的勇气。现在，就请翻开这本书，跟随我们一起去体验这惊心动魄、充满乐趣的旅程吧！

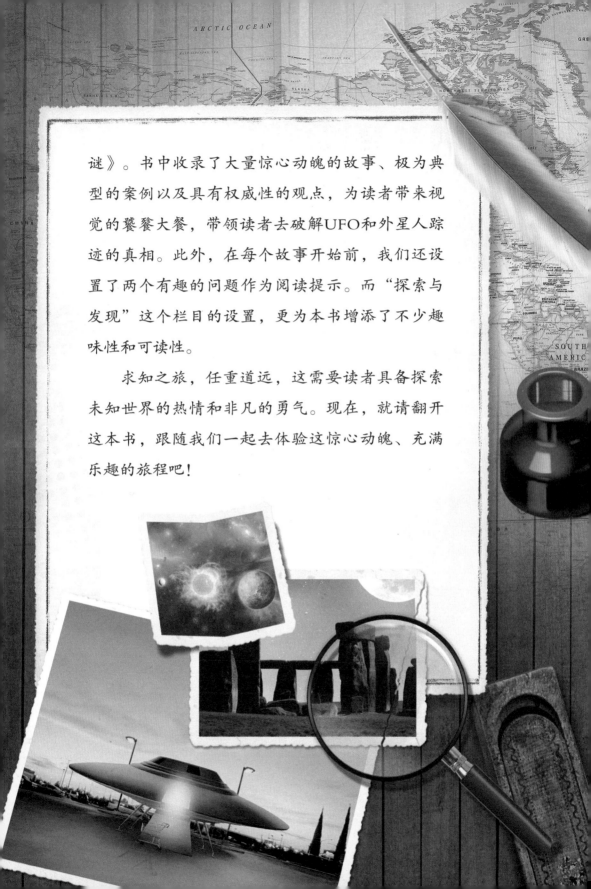

CONTENTS
目录

第一章
追寻地外文明

2　巴颜喀拉山上的石碟密文

5　地球角落的神奇巨石像

8　古代木乃伊中惊现人造器官

12　亿万年前的"鞋印"化石

15　神秘古画中的航天员

18　外星人着陆的航标

21　外星人玩具——丛林石球

24　外星人葬身恐龙腹中

26　纳斯卡巨画之谜

30　追溯被神化的文明讯息

第二章
亦真亦幻的外星人

34　外星人来自何方

36　外星人形象之谜

38　外星人服饰探奇

40　探秘外星人肤色

42　外星人如何与人类交流

44　抢救天外来客

47　"高温"陌生人来访

50　高智能"特种部队"

53　可怕的植入手术

56　"欧洲孤儿"之谜

58 "金星人"在地球

60 收集外太空礼物

64 骇人听闻的"屠牛事件"

66 外星人遇难事件

68 外星婴儿降落人间

70 野人是外星人吗

72 追踪"黑衣人"行迹

88 诡异的吸血光束

91 摆脱UFO的极速逃亡

94 山谷中的悬浮"汽车"

98 揭秘风湾事件

100 UFO惊现巴普岛

102 天降火球为何物

104 UFO为何要攻击人类

第三章

奇异诡谲的UFO

76 UFO的基地在哪里

78 质疑UFO留下的痕迹

80 揭秘罗斯韦尔事件

82 游乐场里的"恶作剧"

84 "天使头发"之谜

86 UFO可以中断电流吗

106 大地震与UFO

108 深海中寻觅USO

112 探秘飞机失踪事件

114 寻找"蝎子"战斗机

116 空中惊魂

118 强光下战栗的货机

120 诡异UFO造访华盛顿

122 新西兰天空突现UFO群

第四章
探索发现的脚步

126 云端的神秘发光体

128 神秘卫星与UFO

130 地球上的火星村落

133 外星人的"洗脑术"

136 踏足外星人之家

138 人类何时"面见"外星人

141 外星人的"加油站"

144 通往火星深处的隧道

146 金星上的城市废墟

149 长达2.5小时的太空对话

152 寻找外星文明的"先驱者"

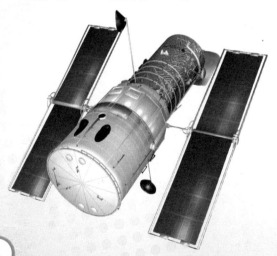

[第一章]

追寻地外文明

巴颜喀拉山洞穴中杜立巴族人的石碟上面，究竟记载了怎样的历史？存放千年的木乃伊中惊现人造器官，莫非远古时期就有了先进的医学技术？几亿年前的恐龙腹中，竟然出现了类似人的头盖骨，难道是史前智能人留下的？……这些令人叹为观止的地球奇景中，究竟隐藏着怎样不为人知的秘密呢？千百年来，为了探求其中的秘密，人们孜孜不倦地进行着研究。翻开这一章，走进历史的长河中，让我们共同寻觅外星文明在地球发展史上留下的蛛丝马迹……

巴颜喀拉山上的石碟密文

杜立巴石碟有什么奇特之处?
杜立巴石碟与外星人有关系吗?

巴颜喀拉山位于青海省中部偏南，山势起伏连绵，气势恢宏。很少有人知道，在这片连绵的群山之中，隐藏着众多鲜为人知的秘密，"杜立巴石碟"就是其中之一。

大约在1938年，一支考古队在中国考古学家齐福泰的带领下走进了巴颜喀拉山山脉。在一处洞穴中，考古队员们惊奇地发现了地下储藏室和多个没有铭文的墓穴。墓穴的主人身高约138厘米，头颅很大，身体非常瘦小。

就在考古人员对墓穴主人的身份感到疑惑不解的时候，新的线索又出现了。

◆ 巴颜喀拉山

▲ 巴颜喀拉山洞

大家发现，墓穴中有大约几百个形状一样的石碟，它们的直径为30厘米，厚度约2厘米，质量达到了1千克。石碟中央还有一个圆孔，从圆孔向外延伸出双重螺旋沟槽直至石碟边缘。

这些石碟是用来做什么的呢？它们和墓穴中的骷髅又有着怎样的联系呢？

考古队员们一直试图弄清原因，但都没有成功。

1960年，一篇论述此发现的报告刚一发表，就立即震惊了全世界。北京大学的楚闻明教授称，这些石碟上含有钴等金属元素，石碟经过一定频率的超声波或电波激发后，就会有节奏地振动起来。难道，石碟会像唱片一样记录下神秘的历史事件吗？

经过更加详细的观察，楚闻明教授发现每个石碟的沟槽都包含着某种未知的象形文字。它们很小，需要用高倍放大镜才能看清楚。楚闻明教授反复研究后，不禁被自己的发现震

▲ 很多人相信，在地球之外有外星人存在

3

惊了。他认为，这些石碟是属于外星人的！

楚闻明称事件中的外星人为"杜立巴族"。他在报告中推测：大约在12000年前，杜立巴族的一部分族人在经过漫长的太空旅行后到达了地球，但他们的太空船不幸坠毁在巴颜喀拉山。大部分族人在太空船坠毁时死亡，生还者们困居于山中。杜立巴族人想与当地的原始人类友好相处，却遭到了驱逐和追杀。因此，他们只好在太阳升起前躲进这个小洞，并先后躲藏了十次。

△ 人们想象中的外星人

不过，楚闻明教授的报告很快便遭到了其他学者的冷嘲热讽，大家认为这个故事是杜撰而成的，而且毫无意义。不过，也有一些学者指出，在西藏的一些古代传说里，有一个神话故事讲的是从"云彩"中来的丑陋入侵者是如何袭扰当地藏民的，神话中所描述的令人害怕而丑陋的入侵者的外形与杜立巴族人有着惊人的相似之处。

那么，洞穴中的骸髅是杜立巴族人吗？石碟中的密文又隐含了怎样的故事？更多的谜团等待着科学家们去进一步研究。

探索发现
DISCOVERY & EXPLORATION

石碟用途猜想

杜立巴石碟的形状和中国的玉璧十分相像。因此，有人怀疑它被放在墓穴里，是用来免除魔鬼侵扰的。但这也只是人们的猜想，至于真相究竟如何，我们还是等待新的研究结果吧。

地球角落的神奇巨石像

复活节岛上的巨石像长什么样子？
为什么有人怀疑巨石像是外星人建的？

1722年，荷兰探险家雅各布·罗格文踏上了一座位于南太平洋的小岛。那天恰巧是复活节，于是他便把这座孤独的小岛命名为"复活节岛"。

当时，复活节岛上"生活"着两种居民：一种是拥有血肉之躯的土著人，他们的生活仍旧处于原始状态；另一种则是由整块的暗红色岩石雕凿而成的巨石像，这些巨石像雕琢的技法精湛，令人叹服。

这些被当地居民称为"莫阿伊"的石像脸型窄长，鼻子微微向上翘起，嘴唇向前突出，两手垂在身体两边，神态威严，表情冷漠。另外，有些石像的头上还戴着红色的石帽，这显示出他们的身份与众不同。

面对这些巨石像，人们不禁要问，雕凿如此多的石像目的何在呢？它们是一种图腾崇拜呢，还是与宗教有关呢？带着种种疑问，众多地质

⚠ 复活节岛上的木板

🔻 复活节岛

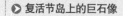
复活节岛上的孩子们

学家、考古学家走访了当地的土著人，希望能从他们那里得知答案。然而，当地居民对此一无所知，他们之中没有任何人参加过石像的雕凿，甚至不知道这些石像来自哪里。

那么，会不会是当地居民的祖先雕凿了这些巨石像呢？如果雕凿者是原始居民，他们又是通过什么方法运送巨石像的呢？

有人猜想，石像分布于岛内的不同地带，滚木滑动装置似乎可以起到运输作用。毫无疑问，这种原始的搬运方法能将庞大的石像推至小岛的每个角落，但这样做要占用相当一部分的劳动力。而当年雅各布·罗格文登上复活节岛时，这里几乎没有树木，这就使得利用滚木滑动装置运送巨石像的猜想失去了有力的证据。

经过统计，人们发现复活节岛上的石像多达600尊，每个石像高7~10米，重达30~90吨，有的石像的帽子就重达10吨。要把如此重的石帽戴在这些"巨人"的头上，自然需要起重设备。然而，据有关学者考证，人类登上复活节岛始于1世纪，石像雕凿于1世纪以后。而在那个遥远的年代，小岛上仅生活着几百名土著人，他们过着原始的生活，根本没有掌握起重技术，更无法完成这项庞大的工程。

不仅起重技术不能保证石像的雕凿，劳动力也远远无法满足工程需求。有人做过一项试验，发现雕刻一尊中等大小的石像需要十几个工人忙活整整

复活节岛上的巨石像

6

一年。也就是说，要雕刻出这么多石像，至少需要5000个强壮的劳动力才能完成。在技术水平不足、劳动力缺乏的情况下，这些石像究竟是怎样被雕刻的呢？人们不禁将目光转向了遥远的太空。难道是外星人帮助了当地土著人吗？

在复活节岛的拉诺拉库山脉，人们发现了几处采石场。在那里，坚硬的岩石像被人切蛋糕似的随意切割开，几十万立方米的岩石被采凿出来。采石场上至今仍躺着数以百计未加工完成的石像。其中，有一尊石像的脸部已经雕凿完成，后脑部仍与山体相连。显然，只需几刀，这个石像就可以与山体分离，不知雕刻者为何没有那样做。采石场里的乱石碎砾似乎在告诉人们，这项宏大的工程可能因某种原因戛然而止了。工匠们像是被什么召唤了一样，不约而同地离开了。采石场中残留的景象，像是将工程停止时的画面凝固了一般。

如果这项工程必须在外星人的帮助下才能完成，那么工程的停止是不是因为工匠们收到了外星人的指令呢？当然，这一切只是人们的猜测。由于缺乏必要的证据，要想解开复活节岛上的石像之谜，我们还需耐心等待一段时日。

❤ 复活节岛上的巨石像翘首望向空中，像在期待着石像建造者的归来似的

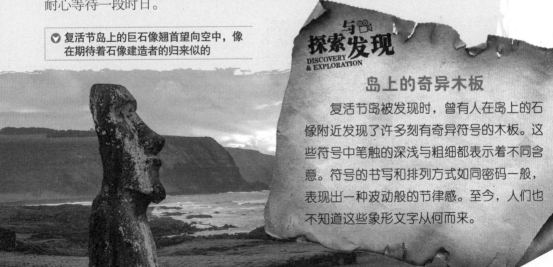

探索发现
DISCOVERY & EXPLORATION

岛上的奇异木板

复活节岛被发现时，曾有人在岛上的石像附近发现了许多刻有奇异符号的木板。这些符号中笔触的深浅与粗细都表示着不同含意。符号的书写和排列方式如同密码一般，表现出一种波动般的节律感。至今，人们也不知道这些象形文字从何而来。

古代木乃伊中惊现人造器官

研究古埃及木乃伊有什么发现?
神秘木乃伊的身份如何?

一直以来,心脏分离、器官移植、使用人造器官等手术都是现代医学界难以攻克的难题,众多医学专家都希望能在这些领域创造奇迹,以造福人类。但如果说在4000多年前人类就已经掌握了高级技术,能够施行这些手术,甚至是大脑增大手术,你会相信吗?倘若站在达尔文进化论的角度上看这一问题,这些显然是不可能的。因为4千年前,人类社会还处在原始阶段,医学尚未形成一门系统的科学,更不用说进行什么难度极高的手术了。

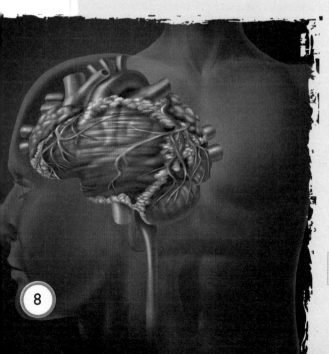

但令人难以置信的是,4000年前的古人类确实进行过这样的手术。这些在当下仍然令医学界望尘莫及的高难度手术,是科学家在研究古埃及木乃伊时发现的。科学家的这一发现着实令所有人瞠目结舌,更在医学界引起了一片哗然。

◀ 心脏分离手术至今仍旧是医学界的一大难题

研究木乃伊的科学家称,这一发现说明古埃及的医生们早在4000多年前就已经懂得了如何操作手术,以及如何才能使机体免疫细胞与异体的组织完美结合,以对人体产生助益。

在被研究的数百具木乃伊中,竟有42具曾进行过心脏分离手术。更令人惊讶的是,科学家还发现了扁桃体和阑尾切除手术的痕迹,甚至发现了类似面部整容和头发移植手术留下的疤痕……

古人懂医学技术并不奇怪,但他们怎么会达到如此高超的医学水平呢?

这个问题令人百思不得其解。与高难度的手术相比,人造器官的出现更令人无法相信。1995年

△ 古埃及的木乃伊举世闻名

春,由俄、英、美等国的考古学家组成的科考队在蒙古中部地区发现了一具距今4000年的木乃伊。考古学家们在对木乃伊进行研究时吃惊地发现,这位死者体内的许多器官竟然是人造器官。

令科学家们迷惑不解的是,4000年前,尚处于原始状态的人类怎么可能制造出如此复杂的人体器官呢?更奇怪的是,虽然如今的科学如此发达,人们仍然无法确知这些人造器官所使用的材料。在这样的事实面前,科学家们不得不承认,在这具木乃伊身上所施行的一系列手术令现代医学技术望尘莫及。

4000年前的人类真的拥有高超的医学技术吗?对此,科学家们感到很疑惑。有人认为,这具木乃伊身上的人造器官可能是在外星人参与的情况下移植成功的。

少年探索发现系列

EXPLORATION READING FOR STUDENTS

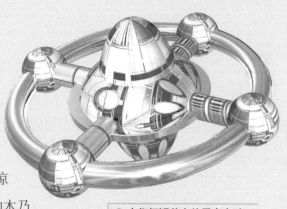

为了更深入地了解这具木乃伊，美国科学家借助现代医学监测设备对其进行了全面的检测和研究。最后，科学家得出了令人震惊的结论——这是一具外星人的木乃伊。科学家之所以得出这样的结论，是因

▲ 人们怀疑曾有外星人来过蒙古

为在这具木乃伊的头部，至今仍残留有长至肩部的头发。同时，在木乃伊粗壮的前臂上，还有几个不为人知的神秘符号，它们看上去很像中国的远古文字。

科学家还声称，这具木乃伊生前就已经是一个被植入了人造器官的基因人，即结合了生物人与机器人特点的一种生物机器人。科学家认为，要是能够制造和移植人造器官，可以使人的寿命延长几十岁，甚至几百岁。如果人体的某处器官出现了问题，就可以用人造器官取而代之。这些技术在今天看来还只是梦想，但可能在几千年前确实存在过，这真是令人难以置信。

▼ 古埃及人

面对这些研究结果，有人提出了猜想：这具木乃伊是来自太空的生物机器人吗？他是在4000年前穿越茫茫宇宙，来到了当时渺无人烟的蒙古中部吗？如果真是这样，那么他来到地球的目的又是什么呢？虽然我们无从知晓这些问题的答案，但我们可以确定的是，如果这具木乃伊真的是外星人送到地球的生物机器人，那么外星人在医学领域的科技水平是地球人类所无法企及的。因为科学发展到今天，人类虽然已成功地分离出胚胎干细胞，从理论上讲可以利用这些胚胎干细胞培育出心脏、骨骼、神经细胞等重要的组织器官，然而这些与4000年前外星人在这具木乃伊上所使用的技术相比，无疑是落后的。

因此，这一猜想同样令人感到焦虑和担忧：外星人拥有如此高度发达的文明，他们来到地球会对地球人类构成威胁吗？目前，我们还无法知晓这个问题的答案。

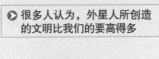

▶ 很多人认为，外星人所创造的文明比我们的要高得多

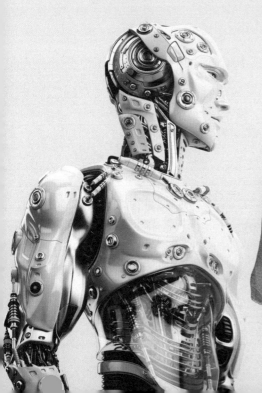

与 探索发现
DISCOVERY
& EXPLORATION

木乃伊的制作

古埃及人会将死者的身体浸泡在一种加入了大量名为泡碱粉物质的液体中，此外，他们还会将尸体一圈圈缠绕起来，就像人们缠绕绷带一样。这样一来，尸体永远不会腐烂。用这种方式处理过的尸体就是大家耳熟能详的木乃伊。

亿万年前的"鞋印"化石

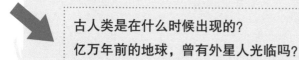

古人类是在什么时候出现的？
亿万年前的地球，曾有外星人光临吗？

  1817年，两位考古学家踏上了美国圣路易斯密西西比河的河岸。在那里，他们吃惊地发现河岸附近的一块石灰岩石板上，竟然有两个类似人类的脚印，而这块石灰岩石板距今已有2.7亿年的历史。

  这两个脚印长约26厘米，脚趾分散，脚掌平展，与习惯于不穿鞋走路的人类脚印非常相似。从脚印上可以看出，这个"人"的脚步强劲有力。各种迹象表明，脚应该是在岩石很软时踩上去的。

  如果以直立行走作为人类出现的标志，那么古人类出现的时间距今约有500万~400万年。但这个脚印却告诉我们，早在2.7亿年前，就有人踏足地球了。这是怎么回事呢？难道是有人不小心掉进了"时空隧

◆ 美丽的密西西比河

人们寻找化石的现场

在很多地方，人们均发现了留在岩石上的鞋印

道"，回到了那个没有同伴的远古时代？还是早在人类出现之前，就已经有外星人来过地球了呢？

史前脚印的出现只是一个巧合吗？答案是否定的。1927年，一位美国业余地质学家在美国内华达州的一个峡谷内发现了一块带鞋印的化石，鞋印保存完好。经过研究，人们发现这块化石的年代可以追溯到两亿多年前的三叠纪时代。

这个鞋印虽然在当时轰动一时，但并没有人研究出结论。直到近期，科学家才公布了一条令人瞠目结舌的消息。他们在以显微摄影重现这个遗迹时，发现鞋跟的皮革由双线缝合而成，两线之间相距约1厘米，平行延伸。要知道，这样的制鞋技术直到1927年才出现。当时，美国加州奥克兰考古博物馆的荣誉馆长在研究了这个化石后得出结论说："今天的人类尚不能缝制那样的鞋。在类人猿尚未开化的亿万年前，地球上已存在具有高度智慧的生物……"

相同的事例在中国也发生过。一位化石专家在新疆的红山发现了类似于人类鞋印的奇特化石，这些化石距今约有2.7亿年的历史。鞋印的印迹长26厘米，前宽后窄，并有双重缝印。鞋印左侧比右侧更清晰，且中间浅两端深，形态酷似人类左脚的鞋印。

在遥远的美国，也有一个相似的例子：1938年，美国肯塔基州柏里学院地质系主任柏洛兹博士宣布，他在石炭纪砂岩中发现了十个与现代人类脚印完全相同的脚印。显微照片和红外线照片证明，这些脚印是自

然造成的。

另外,一位美国的化石爱好者在一块寒武纪的沉积岩中发现了几块三叶虫化石,其中一只三叶虫的化石上面竟然有一个成人的鞋印和一个小孩的鞋印。其中,成人的鞋印长约26厘米,鞋跟比鞋底的印迹稍深,跟现代人的鞋印一样。犹他大学著名的化学家认为这的确是人的鞋印。那位化石爱好者惊

⬥ 三叶虫化石

讶地说:"当我用地质锤轻轻敲开一块石片时,石片竟像书本一样打开了。我吃惊地发现其中一片上面有一个人的脚印,另一片上也显出几乎完整无缺的脚印形状。更令人奇怪的是,那几个人竟穿着皮鞋!"

难道在3亿年前的洪荒时代,已有智能生物踏足地球吗?这实在令人百思不得其解。也许随着考古学家的进一步研究,在不远的将来,我们即可获知问题的答案。

⬦ 荒凉的山区藏有神奇的脚印吗?

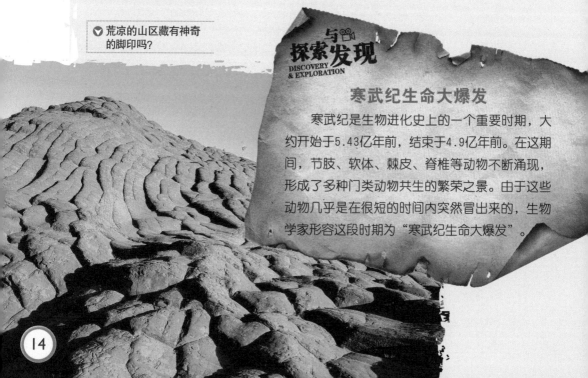

探索发现
DISCOVERY & EXPLORATION

寒武纪生命大爆发

寒武纪是生物进化史上的一个重要时期,大约开始于5.43亿年前,结束于4.9亿年前。在这期间,节肢、软体、棘皮、脊椎等动物不断涌现,形成了多种门类动物共生的繁荣之景。由于这些动物几乎是在很短的时间内突然冒出来的,生物学家形容这段时期为"寒武纪生命大爆发"。

神秘古画中的**航天员**

> 撒哈拉古画中的"圆头"人是外星人吗？
> 外星人来过多根吗？

1850年，德国探险家巴尔斯去撒哈拉沙漠探险。令他感到吃惊的是，在那看似毫无生命迹象的沙海之中，竟隐藏着鲜为人知的历史。在一处岩壁上，巴尔斯发现上面雕刻的有鸵鸟、水牛以及各式各样的人物。从此，撒哈拉古画便开始向世人显露真容。

1933年，法国骑兵队驻扎在撒哈拉沙漠时，法军中尉布伦南带领一支侦察队进入了塔里西山脉中的一个无名峡谷。在那里，他们偶然发现了长达数千米的壁画群，图画生动地描绘出远古人类的生活情景。此后，众多欧美考古学家也去了撒哈拉。

大量研究表明，在距今约10000～4000年前，撒哈拉并非荒无人烟的沙海，而是草木茂盛的草原。当时，有许多部落生活在那里，并创造了高度发达的文化。

▼ 撒哈拉大沙漠

▲ 航天员

1956年，考古学家对壁画进行了专门考察。他们发现，画中描绘的是1万年前的景象。壁画中有很多"圆头"人像，他们头部呈圆形且巨大，有两只眼睛，没有嘴巴和鼻子，身穿厚重笨拙的服饰。过去，人们一直无法弄清这些"圆头"人像代表着什么，后来才发现它们竟与身着航天服的航天员的外形惊人地相似。

众所周知，艺术能真实地反映生活，绘画也不例外。但在距今10000～4000年前的撒哈拉，人们是怎样知道或想象出航天员的模样的呢？古代的撒哈拉根本没有飞行器，更谈不上有人穿着航天服遨游太空了。这真是令人百思不得其解。

这种画在其他国家和地区也出现过。多根是非洲马里共和国境内的一个原始部落。多根人至今还保存着一幅图画，这幅画描绘的是多根人所信仰的神驾驶着飞船从天而降的场面，飞船的尾部拖着一条长长的火焰。画中的场景不禁令人心生疑问：为什么飞船的尾部会有火焰呢？难道所谓的神是乘坐宇宙飞船来的吗？

更加令人匪夷所思的是，多根人的生活方式近乎原始，但即便这样，他们从很早就开始崇拜一颗无法用肉眼观察到的星星——天狼星的

▼ 古人作画常依现实而来

伴星。多根人不仅清楚这颗伴星的轨道呈椭圆形，了解它围绕天狼星运动的周期，而且知道这颗伴星体积小，密度大。

而关于天狼星伴星的信息，人类是在发明天文望远镜之后，又经过两个半世纪的观察才逐步了解的。这些天文知识连发达的民族也不具备，多根人是如何获知的呢？也许我们能从多根人津津乐道的古老传说中获知答案。

△ 天狼星

相传在很久以前，有一些半男半女的人乘坐两艘宇宙飞船来到了地球。着陆时，一艘飞船着了火，被烧毁了，另一艘则顺利着陆。这些自称从天狼星伴星来的外星人就降落在多根古代先民的居住地。多根人称，外星人看起来就像大海里的海豚，脸上除了有嘴巴，还有通气孔。外星人告诉了多根人有关天狼星伴星的知识。从那时起，多根人就开始崇拜这些天外来客。

这一传说正好与多根人保存的图画不谋而合，难道真的有外星人到过多根吗？如果这只是虚构的，多根人又是如何掌握那些天文知识的呢？图画中的内容又有什么寓意呢？也许时间会给我们答案。

▽ 宇宙飞船

探索发现 与
DISCOVERY & EXPLORATION

天狼星的伴星

伴星是围绕着卫星运转的天体。天狼星的伴星被称作天狼星β星，是我们人类最早发现的一颗白矮星。它比太阳稍大一些，但半径比地球的小。我们用肉眼根本看不到这颗星，只能借助望远镜来帮忙。

外星人着陆的航标

史前巨石阵是观察天文的地方吗？
巨石阵的建立和外星人有关吗？

1130年的一天，一位英国神父正在英格兰威尔特郡的索尔兹伯里平原上走时，一个庞大的石建筑群突然出现在他面前。眼前的建筑群气势磅礴，呈环形，屹立在绿色的旷野间，就像是在诉说它那亘古不变的传奇。这就是英国著名的巨石阵。即便在科技如此发达的今天，人类对这个巨石阵也做不出合理的解释。

巨石阵距离伦敦大约130千米。石阵的外围是直径约为90米的环行土岗和沟，石阵由30根石柱组成，上面架置着横梁，彼此之间用榫头和榫根相连，由此形成一个封闭的圆圈。这些石柱高4米，宽4.9米，厚1米、重达25吨。

巨石阵中的"成员"巨大无比，并且排出了不可思议的图案。这些巨石围成一个大圆圈，其中的一些石块足有6米高。据估计，巨石阵已经在这个一马平川的平原上矗立了几千年之久，但是迄今为止，没有人确切地知道建造者当初建造它们的目的何在。一些科学家认为，巨石

◀ 神秘的巨石阵留给人们无尽的猜想

18

▲ 人们猜测，外星人有可能
会以巨石阵为航标

阵是早期英国部落或宗教组织举行仪式的中心。还有一些专家认为那里是观察天文的地方，人们很可能在季节变化之际在那里举办观测活动。

巨石阵是人类早期留下来的神秘遗迹之一。科学家经过多次详细的考察，估计出了它的建造年代和过程：可能于距今5000～4000年前开始动工，整个工程持续了数百年，才建成了和现在类似的格局。据研究人员估计，建造巨石阵总共花了3000万个小时的人工，相当于一万人工作一年。

科学家知道建造巨石阵的石头来自威尔士，但是没有人知道古代的威尔士人是如何把这些几十吨重的巨石运到300多千米之外的索尔兹伯里平原的。

许多专家认为，巨石阵在被建造前，英格兰的早期居民就不在这个地方举行任何活动了。那么，巨石阵到底是被谁建造的呢？

英国科学家最近又发现，巨石阵可能到更晚一些的时期仍然在发挥某种功能。根据科学考证，在巨石阵内发现的一名男子的骨架是两千多年前留在那里的。

巨石阵拥有的谜题远不止这些。研究发现，巨石正好同夏至当天太

▼ 巨石阵的石头来自威尔士

地外文明，不知是否确有其事

阳升起的位置排成一条线。在巨石阵中纪念夏至的人大都相信英国古代克尔特人的巫师宗教，他们举行的活动同当年在巨石阵举行的宗教仪式相似。有人甚至认为，信奉多神灵的古代克尔特人是巨石阵的建筑师。最早的克尔特巫师是法官、立法人员和神职人员，他们在那里举行宗教仪式，解决法律纠纷，并向老百姓发布指令和提供帮助。但据研究，这种宗教早在1500年前就销声匿迹了。更有学者干脆把巨石阵视为一种文化，一种古人对巨石的崇拜。

建造巨石阵的人是如何完成这一震惊世界的庞大工程的呢？这些巨石又有着怎样的用途？很明显，如果单凭人力很难完成这项任务，那么，巨石阵和外星文明有关的猜想似乎也就合情合理了。如果外星人曾经来过地球，并且计划再次重返地球，他们一定会在陆地上留下自己能轻易辨别的事物。而巨石阵，也许就是外星人当初刻意留在地球上的东西。

现在，巨石阵已经成为英国最热门的旅游景点之一，它不仅会引起人们对建造者鬼斧神工的慨叹，更会引起人们对神秘未知领域的遐想。

探索与发现
DISCOVERY & EXPLORATION

朝圣者的康复中心

关于巨石阵，另有些人推测它类似于当时的一个康复中心。因为人们在研究散落在巨石阵旁边的骨骼时，发现其中绝大多数都有重伤或重病的痕迹。据此，人们猜测，当时那些受伤或生病的朝圣者满怀期待地来到巨石阵，旨在希望"神石"能让他们恢复健康。

外星人玩具——丛林石球

> 丛林石球是怎样雕琢的？
> 丛林石球是外星人制作的吗？

⬆ 石球

20世纪30年代末，美国联合果品公司的地界标定人乔治·奇坦先生曾前往美洲哥斯达黎加的热带丛林，想实地考察一下在那里开辟香蕉园的可能性。但出人意料的是，他竟然在人迹罕至的三角洲丛林和山谷中发现了约200个神秘的石球。

这些石球散落各处，大小不等，最大的直径达几十米，最小的直径也在两米以上。它们像是由人工雕饰而成，技艺精湛，堪称一绝。其中的一处石球群有石球45枚，另外两处分别有15枚和17枚。或大或小的石球没有规则地排列着，有的排成直线，有的则排成弧线。怪异现象专家米切尔·舒马克解释这种现象时说："有些石球显然是从山上滚落下来的，只是碰巧排成了直线而已。"

乔治·奇坦的发现很快引起了人们的兴趣。科学家们在对石球进行测量后，惊讶地发现它们表面上各点的曲率几乎完全一致，认为它们是非常理想的圆球。

那么，这些石球有什么用

⬇ 乔治·奇坦发现了奇怪的丛林石球

21

呢？至今没有人能给出肯定的阐释。有人猜测，摆放在一处墓地东西两侧的石球可能代表着太阳与月亮，或是某种图腾标志；还有人猜测，这些巨大光滑的石球可能是巨人的玩具。

据考查，这些神秘的石球几乎都是用坚固美观的花岗岩制作而成。但令科学家和考古人员迷惑不解的是，当地并没有花岗岩石料，这些石球是什么时候出现的呢？又是什么人用何种技术制造了它们？

考古学家们认为，从石球精确的曲率来看，制作这些石球的人肯定具备非常丰富的几何学知识，同时还具有高超的雕凿加工技术、坚硬无比的加工工具以及精密的测量工具，否则雕凿不出如此巨大且精美的石球。

诚然，在远古时期，生活在这里的印第安人大多是雕凿石头的能手。但是，雕琢这些硕大的石球是一项庞大的工程，从采石、切割到打磨，每一个步骤都需要不断地转动石块，这些石球重达几十吨，在没有先进起重设备的情况下，要转动它们无论如何都不是一件容易的事。难道这些庞大的石球是印第安人在没有测量仪器的情况下，用简陋的操作工具

⬆ 印第安人头饰

🔽 传说中外星人是乘坐球形太空船来到哥斯达黎加的

苏格兰的石球

雕凿而成的吗？这实在令人难以置信。

当然，这些丛林石球并非孤零零地存在。在当地的印第安人中间，至今仍流传着宇宙人曾经乘坐球形的太空船来到这里的传说。因此，许多人在对石球谜题百思不得其解的情况下，便把这些石球与地外文明联系到了一起。他们猜测是外星人来到这里后制作了这些大石球，并将它们按一定的位置和距离排列，布置成某种空间天象的"星球模型"。因此，这些石球就成了宇宙中不同星球的象征。还有人猜测，天外来客试图利用这些石球组成的"星球模型"向地球人类传递某种信息。

但是，今天有谁能理解"星球模型"的真正含义呢？又有谁能知晓在这些大石球中，哪一个代表了天外来客生活的故乡呢？迄今为止，人们对于这些石球的来历以及制造过程仍无定论。哥斯达黎加石球名扬天下，但了解它们的人少之又少。希望在不远的将来，这些浑圆的石头对我们来说不再是一个谜。

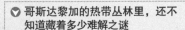

哥斯达黎加的热带丛林里，还不知道藏着多少难解之谜

探索发现
DISCOVERY & EXPLORATION

苏格兰的古怪石球

在英国苏格兰的东北部，人们也发现了一些石球。不过，不同于哥斯达黎加单纯的圆形石球，这里的石球往往有多个比较规则的凸起，看上去像是规则的几何体。不过，对于这些石球的来历，人们也是众说纷纭。

外星人葬身恐龙腹中

> 恐龙腹中的头盖骨是什么样子的？
> 恐龙腹中的人是外星人吗？

众所周知，人类是地球上的智慧生命，从直立人出现至今已有约500万年的历史。但早在距今约2.35亿～0.65亿年前，恐龙是地球上无可争议的霸主。人类的出现比恐龙整整晚了6000万年，这使得人类只能借助坚硬冰冷的化石去了解那些曾经不可一世的庞然大物。

一个偶然的机会，考古人员在美国俄克拉荷马州发现了一个1.1亿年前的长颈龙化石。考古人员在整理这个恐龙的化石时，竟然在它的腹中找到了一块类似于人类的头盖骨，这令所有人感到非常震惊。

这一发现立即在考古学界引起了强烈反应。恐龙的腹中怎么会有类

❤ 地球曾经的霸主——恐龙

似于人的头盖骨呢？难道在恐龙称霸的时代，曾有人类出现吗？但人类的发展史告诉我们，这是不可能的。那么，恐龙腹中的头盖骨究竟是怎么来的呢？这一疑问引起了各种猜想。

经研究，考古学家们发现，这块头盖骨虽然形状与人类十分相似，但也有不同之处，即它非常小，并且头顶处向外突出很多，眼窝呈杏仁状。

▲ 人们借助于化石来了解恐龙

头盖骨被发现后，很快就被送到了华盛顿德比特·波斯比博士的研究所。研究发现，这块头盖骨的主人虽然身材比人类矮小，却拥有足以与现代人相匹敌的高智能。

类似于人类的头盖骨、拥有高智能、出现在1.1亿年前……将这些线索串联起来，人们不由得发出惊叹：这块头盖骨属于外星人吗？他们来到地球的目的是什么呢？

迄今为止，人类已于多处发现史前智能人的迹象，至于外星人是否来过地球，人类到目前为止并未找到切实的证据。

◀ 人们怀疑在恐龙时代，曾有外星人来访

探索发现
DISCOVERY & EXPLORATION

花瓶的疑惑

1951年，美国的一部杂志曾提到，有人在某地一处15英尺深的地下砸岩时，发现了一个深嵌于岩石上的非常精美的金属花瓶。地质学家推定，这个花瓶已有近400万年的历史了！有人怀疑它是史前的智能生物制造出来的。

25

纳斯卡**巨画**之谜

纳斯卡巨画都有些什么图案?
纳斯卡巨画和外星人有关吗?

纳斯卡巨画中的蜂鸟

1939年,美国考古学家保罗·科索科来到秘鲁的纳斯卡荒原对古印第安人的灌溉系统进行考察。一天,他乘坐飞机来到纳斯卡地区的上空,结果有一个惊人的发现:他在飞机上俯瞰纳斯卡地区时,突然发现这里或直或曲的线条构成了一幅幅巨大的图案,其中既有蜂鸟(长度约300米)、蜘蛛(长度约46米)、卷尾猴(长度约108米)、秃鹫(长度约122米)、鱼类等动物图案,也有花、树木等植物图案,还有一些诸如螺旋形、菱形等几何图案。

保罗的发现引起了考古学者的巨大兴趣,众多考古学家纷至沓来,想要揭开这些图案背后所隐藏的关于古纳斯卡人的秘密。

纳斯卡巨画约出现于公元1世纪,是古纳斯卡人刨去地表的深色岩石

❂ 神奇的纳斯卡荒原

后，在下面的浅色岩石上建造起来的。那么，他们为何要在荒原上建造如此绵长的线条、如此巨大的图案呢？

对于保罗·科索科来说，这些线条和图案就是世界上最大的一部天文历法书，因为他发现落日的位置刚好位于一条直线的末端，而那天刚好是6月22日，是南半球的冬

纳斯卡巨画中的人像

至日。德国学者玛利亚·莱因切也认同这种观点，她认为这些直线和曲线代表着星体的运行轨迹，而图案则代表着宇宙中的星座。

另有一些学者则从其他方面提出了自己的见解，比如有些学者认为这些线条与印加帝国的"神圣小路"相似，并据此认为那里是用来举行礼仪活动的场所；而美国麻省大学的学者戴维·约翰逊则认为这些线条是古纳斯卡人获取水源的水渠，他说这些线条指向地下断层中的水源所在地，是水源地的标志。而那些巨大的图案则与当地出土的陶器上的图案相似，有人据此认为它们是当时纳斯卡地区不同部族信奉的图腾。它们标示着它们所代表的部族对它们所在区域的水源拥有所有权。戴维·约翰逊推测，2000多年前的纳斯卡地区十分干旱，生活在这里的部族为了争夺水源不停地发生争斗。由于彼此伤亡都很惨重，人们认识到和平的重要性，后来经过协商划分了各自的水源范围，这些巨大的图案便是对其所有权的一种宣示。

戴维·约翰逊的观点得到了越来越多的学者的赞同，或许他揭开了纳斯卡巨画存在的秘密，

人们怀疑纳斯卡巨画和星座有关

但他尚未指出这些巨画是如何被建造出来的。要知道，只有在300米以上的高空，人们才能看到完整的图案形象，那么身在地上的古纳斯卡人又是如何完成这些巨型图案的呢？

一些学者认为，古纳斯卡人在此建造了极高的金字塔，并在金字塔上指挥人们劳作。但是很明显，古纳斯卡地区缺乏建造金字塔的石材，而且周边地区也没有发现可供采集石料的场所。如果用木材的话，古纳斯卡地区也没有繁茂的森林来提供足够的木料。

迄今，人们只是对如何画出规则的直线线条和曲线线条有了科学的解释。德国数学家玛利亚·赖歇穷尽一生研究纳斯卡巨画，最终解释了古纳斯卡人是如何使绵长的直线保持笔直的。她指出，古纳斯卡人可能是在木桩的帮助下画出直线的，只要三个木桩之间保持笔直，那么所画的直线便不会发生弯曲。她曾带领纳斯卡镇的学生演示过如何制作直线。她先在地上插上标杆，用绳子将标杆连接起来，使它们处于一条直线上，然后刮走深褐色的地表土壤，这样下面的浅色土壤便露了出来，

◆ 纳斯卡地区出土的陶罐

▲ 人们想象是外星人创造出的纳斯卡巨画

一条笔直的直线也就形成了。而对于一些规则的曲线，赖歇也找到了合理的解释，即将绳子的一端系在一根标杆上，然后像我们现在使用圆规一样来画曲线。不过，对于一些不规则的曲线，赖歇直到生命的最后一刻，也没能给出合理的解释。对此，她不无遗憾地说："我们将无法知道所有的答案。"

不得不说，关于纳斯卡巨画，目前仍存在许多谜团。一些人将目光投向了外星文明，比如埃里克·冯丹尼肯认为外星人曾光临地球，而构成纳斯卡巨画的线条便是他们进入地球的入口标志，是外星飞船用来升降的跑道。

很多学者认为冯丹尼肯的解释是异想天开，但冯丹尼肯的解释或许并非空穴来风，因为据当地资料记载，在很久以前，外星人曾光临地球，并在这里为自己的飞船设置了陆地航标，以便飞船起降。当时周边的古印加部落目睹了这些，并记录了下来。

究竟纳斯卡巨画是不是与外星文明有关呢？对于人类来说，这仍然是一个极具浪漫色彩的谜团，有待人们进一步去探索发现。

▶ 太空里有许多秘密在等着人们去揭开

与 探索发现
DISCOVERY & EXPLORATION

贵州画马崖岩画

在我国贵州省的开阳县，有一个画马崖，崖上不仅有马、牛、狗等动物的画像，还有太阳、宇宙的画像。此外，研究人员还发现一些形状较为奇怪的人类画像，这些画像上的人身体和普通人差不多，但头部却呈圆形且向外隆起。人们怀疑，画马崖似乎也和外星文明有所关联。

追溯被神化的文明讯息

神话是人们想象出来的吗？
神话和外星人是否有关系呢？

盘古一只手就可举起苍天；夸父两口就能喝干黄河的水；刑天被砍掉头颅后并未死去，他以乳为目，以脐为口，继续战斗……各种各样的神话描述了人类的"祖先"创造地球、改造地球的故事。对此，人们不禁要问了：难道神话真是人类幼年时期想象出来的吗？它和人类的文明史有什么联系吗？

◎ 图为中国神话中的"盘古"

长期以来，人们似乎形成了这样的定论：神话是原始人凭借想象编造出来的。但随着越来越多的未解之谜被发现，我们发现事实也许并非如此。以前，人们一直认为《荷马史诗》中的特洛伊城是虚构的，但特洛伊城废墟的发现却推翻了这一结论。居住在南美洲的印第安人中流传

◎ 特洛伊遗址

陨石坑

着"火柱从天而降"的古老神话，地质学家在这个神话的发祥地找到了一个陨石坑。在中国，不仅有像大禹治水、建立夏朝的历史记载，还有像简狄食玄鸟卵而生出商族祖先契之类的神话。但长期以来，历史学界认为夏、商两代并非真实的朝代，而是古人理想中的社会。然而，从20世纪30年代起，随着大量文物的出土，考古学家不仅确认了商朝的存在，还找到了夏文化层。这再一次证明，神话并非全部编造而成。

如果神话是对历史的真实记录，那么传说中的"神"属于真实存在吗？这些"神"究竟有着怎样的魔力，才能使人类社会发生如此大的变化呢？

非洲多哥的卡布列人中流传着这样一则神话：在一段非常漫长的时期内，地球是植物和动物的世界。造物主埃索认为这样有些美中不足，于是便派出一些神祇去主宰大地。那些神祇通过把长绳降落到地面来点化植物，驯服动物，并繁育了法郎人和卡布列人。现在，这两个族的后裔仍能清楚地指出他们的祖先从天而降的悬崖。

商朝的青铜器

▲ 陨石从天而降

△ 神话所创造出来的人物令人浮想联翩

　　而在南美洲，印加人中至今仍流传着一个关于金色飞船的故事。传说，在日月洪荒的年代，天空中飞来了一艘金色的飞船。飞船里坐着一位神通广大的女神，她叫奥利安娜。她长得与现代人非常相似，只是少一根手指，手指间还长着像青蛙那样的蹼。她在地球上居住了下来，生养了70多个孩子，在教会他们生存的技能后，她最后依依不舍地返回了天上。而这些孩子就是现在世界各族人的祖先。

　　这类神话在世界各地几乎都有，只是主角不同。但令人不解的是，人类的祖先在未踏入文明的大门之前，并没有现代科技做武装，他们是如何知道地球上是先有植物、动物，而后才有人类的呢？他们又是如何想象出"神"所乘坐的是飞船呢？

　　难道，在神话中拯救地球、创造人类的"神"真的存在吗？而那些创造万物、孕育人类文明的"神"又是谁呢？如果说"神"只存在于人的思维中，无法对客观事实做出改变的话，那么改变了地球和人类的会不会是宇宙中拥有超能力的高级智能生物——外星人呢？

探索发现
DISCOVERY
& EXPLORATION

天地始于一体说

　　古代的各种创世神话有着惊人的相似之处，那就是天地始于一体，是"神"将地球从浑然一体中"解救"了出来。关于这个"神"到底是谁，世界各地又有不同的说法，这真是一件有意思的事情。

[第二章]

亦真亦幻的外星人

如果有一天，外星人突然出现在你面前，与你交流，你会有什么反应呢？据报道，有相当一部分人声称自己有过那样的遭遇。他们说自己在毫无防备的情况下接触到了外星人，甚至还同外星人进行了交流，这是多么与众不同的经历啊！那么，外星人来自哪里？他们长什么样子？他们是如何与人类交流的？他们为何会在人类体内植入不明物体？他们为何会送给人类礼物？他们会派遣机器人来地球吗？……赶快翻开这一章，让我们一起去揭开那些天外来客的神秘面纱吧。

外星人来自何方

外星人的家是在外太空还是在地球上？
外星人是住在海底、南极、地球深处，还是住在沙漠？

⚠ 有人认为，外星人可能
生活在海底

外星人来自何方是一个大家都很关注的问题。多年来，人们对外星人的来源提出了种种猜想，这些猜想大致可以分为两类：一类是"宇宙基地说"，另一类是"地球基地说"。

支持"宇宙基地说"的研究者认为外星人来自于外太空，他们由UFO运送到太阳系附近，在那里建立基地，然后进入地球空间。据推测，外星人可能在金星、火星、月球或者某些卫星上建立了"中转站"。

然而，有不少人认为外星人并非来自于外太空，他们的基地应该就建立在地球上。持这一观点的人又提出了很多猜想，比如"海底基地说""南极基地说""地内基地说"和"沙漠基地说"等。

加拿大的科学家让·帕拉尚等人首先提出了"海底基地说"。他们认为，在几万年前，大西洋上有过一个文明高度发达的大西国，后来可

🔽 有人认为，广袤的沙漠有可能是外星人的基地

能因为战争、洪水或者星球撞击等原因，大西国沉入了洋底。大西国人随之来到海底生活，在那里建立了永久性基地。他们有时会乘坐UFO冒出海面，于是就造成了各种奇异现象。

UFO专家安东尼奥·里维拉则认为，南极就是外星人的基地。他经过调查得知，第二次世界大战末，德国人设计出了几个飞碟，其中有几架被运送到了南极。可是这种假说的证据明显不足，它一经提出就遭到了人们的质疑。

德国的UFO专家威廉·哈德森认为，外星人应该居住在地球深处，深山峡谷或地层裂缝就是他们的天然出口。这就是"地内基地说"。非洲大峡谷地带是UFO案例的多发区，这似乎正好支持了这种假说。

另外，法国的UFO专家亨利·迪朗在调查后指出，广袤的沙漠可能就是外星人的基地。沙漠地区地域辽阔，地形复杂，气候多变，还蕴藏有丰富的矿产，对外星人来说是一个不可多得的研究对象。而且，很多著名的UFO事件都发生在沙漠地带。

关于外星人究竟来自何方，以上几种说法听起来都很有道理。相信随着对UFO研究的深入，真正的答案会越来越清晰。

探索发现 与
DISCOVERY & EXPLORATION

外星人的故乡

现在有一些研究者指出，除了火星、金星、木星之外，外星人甚至有可能来自网罟星座、昴星团、天狼星、牧夫星座、鲸鱼星座，他们认为这几个星座都有可能是外星人的故乡。

▶ 据说，外星人可能居住在地球深处，大峡谷或地层裂缝就是其出口

35

外星人形象之谜

外星人大概长什么模样?
外星人的长相在哪些地方和我们人类不同?

　　外星人的相貌和体态一直都是人类最感兴趣的话题之一。为了突出外星人的神秘和与众不同,设计者们常常使他们以奇特的形象出现在画报或屏幕上。可是,外星人究竟长什么样呢?

　　科学家们认为,外星人的相貌和体态,是由他们所居住星球的光源、磁场、电场、引力、温度以及他们的遗传因子、进化过程所决定的。所以,不同种类的外星人可能有着迥然不同的外貌特征。根据很多目击者的描述,外星人的形象大致有以下一些特点:

　　体型:身高一般为90～150厘米,有的高达3米以上。与躯干相比,其脑袋显得格外硕大,下巴则窄而尖。

> ❯ 不同种类的外星人可能有着不同的外貌特征

探索发现
DISCOVERY & EXPLORATION

带蹼的外星人

　　青蛙、鹅和鸭等动物的脚上都带有蹼。然而,有些外星人的手指和脚趾间也有蹼存在。据说,1987年,在苏联的一个村庄里,人们就发现了一个手指和脚趾间有蹼的外星婴儿。

皮肤：大部分是灰色、白色、棕色。有的人还认为，外星人的皮肤看上去很柔软，而且富有弹性。

眼睛：很大，但双眼之间距离较宽。有的目击者称，外星人没有眼珠和眼皮。还有目击者说，外星人的眼睛看上去炯炯有神，这可能是因为他们和我们人类属于不同人种的缘故。

鼻子：只有两个小小的呼吸孔。但有的目击者说外星人也有鼻孔。

嘴巴：有的目击者说，外星人的嘴巴就是一道细缝，几乎看不到嘴唇，嘴里也没有牙齿。还有的目击者认为外星人根本就没有嘴。

胳膊和手：外星人的胳膊细而长，下垂过膝。他们的手各不相同，有的只有四指，有的则像地球人一样有五个指头。

声音：有的外星人好像在身上安装了电子设备，因为他们身上一直发出嗡嗡的声音。有的外星人则会发出低沉的哼哼声。

尽管人们对外星人相貌的描述多种多样，但由于我们缺少有力的图片证据，所以还不能对外星人的形象做出准确的描述。由此看来，如果想清楚地得知外星人的相貌，人类只有不断探索了。

▶ 猜测中的外太空中的智慧生命

少年探索发现系列
EXPLORATION READING FOR STUDENTS

外星人服饰探奇

外星人会穿连裤服吗?
外星人也会戴装饰物吗?

在很多科幻电影中,外星人都穿着用整块布料制成的连裤服,他们的衣服没有缝制的痕迹,也很少有纽扣或者口袋之类的东西,这种奇异的装束已经成了外星人的标志。其实,这种设计并不完全是设计师凭空想象出来的,他们在创作时也参考了科学家们所掌握的关于外星人的资料。

从科学家们收集到的目击者报告中可以看出,绝大部分外星人都是从头到脚穿戴整齐,而且他们的衣服几乎都是由整块料子缝制成的连裤服。这些连裤服颜色不一,有白色、灰色、金属色、红色、蓝色等。而且,大部分外星人衣服的颜色和他们所乘坐的飞碟外表的颜色一样。

◀ 外星人的服饰和人类宇航员的服饰有某些相同之处吗?

还有些目击者称,有的外星人戴着斗篷,而斗篷是和他们穿的连裤服连在一起的。有的外星人还戴着面具,甚至还戴着一顶头盔。不过,这种头盔与我们宇航员戴的头盔不同,它们

◀ 关于外星人的服饰,有许多谜团都还没有解开

38

通常和外星人背部的一个盒子相通，这种盒子也许有着某种特殊的用途。

另外，有些外星人的衣服上带有某种标志或者附属物，比如有的胳膊上还有金属板，它们似乎是电子通讯设备。还有的外星人会戴上金属十字架、金属环或星形饰物，它们闪耀着美丽的光泽，但关于其用途，我们就不得而知了。有的研究者认为，它们也许是一种外星宗教的标志。

最为奇特的是，有的外星人的手臂上站着一只活生生的鸟，不过此类现象非常罕见。1967年5月，马达加斯加岛上的一些居民亲眼看到了几个站在UFO旁边的外星人，他们的左臂上都站立着一只展翅欲飞的鸟！这其中究竟有什么含义，现在人们仍然无法知晓。

专家们一致认为，外星人的穿戴应该是各式各样的。但他们究竟以什么服饰为主，是否不同种类的外星人有不同种类的服饰，他们的衣服又是用什么材料制成的，这些都还是尚未解开的谜。我们相信，随着空间观测技术的发展，外星人的服饰之谜肯定会被揭开。

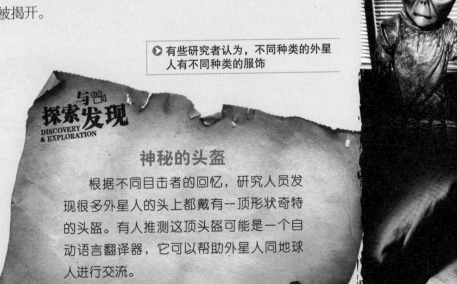

> 有些研究者认为，不同种类的外星人有不同种类的服饰

与
探索发现
DISCOVERY
& EXPLORATION

神秘的头盔

根据不同目击者的回忆，研究人员发现很多外星人的头上都戴有一顶形状奇特的头盔。有人推测这顶头盔可能是一个自动语言翻译器，它可以帮助外星人同地球人进行交流。

探秘外星人肤色

地球上有哪四大人种？
外星人的肤色和地球人的肤色相同吗？

　　众所周知，地球上现在主要有四大人种：白种人、黑种人、黄种人、棕种人。此外，地球上还存在着极少量的蓝种人和绿种人。那么外星人呢？他们的肤色又是什么样子的呢？一些UFO研究者指出，到目前为止，人类所遇见的外星人的肤色与人类基本一致。

　　首先是白色皮肤的外星人。据记载，20世纪60年代中期，一架飞碟降落在法国瓦朗索尔的一个农场中。农场的主人莫里斯目睹了飞碟降落的过程，并看到了飞碟中的外星人。莫里斯说，那些外星人身高只有大约1米，他们皮肤光滑，呈白色，没有毛发。

　　同样，外星人中也有黑色皮肤的。据一个名为弗里茨沃纳的美国空军工程师透露，1953年，一个飞碟坠落在了美国亚利桑那州的金曼。飞碟中有一个类人生物，他的皮肤为深褐色，身高约1.2米，身上穿着连体服，头戴一顶金属帽。而深褐色，就是我们通常所说的黑色。

❤ 不同肤色的孩子们

△ 绿色外星人

人们可能要问了：除了黑、白两种肤色，外星人中也有"黄种人"吗？答案是肯定的。

1984年5月14日，苏联太空实验室"礼炮"6号上的两名航天员偶遇了一架飞碟，飞碟距离他们仅有100米。事后航天员回忆说，他们透过望远镜向飞碟内部看去时，清楚地看到飞碟内部有三个外星人，他们鼻梁挺直，眼睛要比人类的大两倍，皮肤呈棕黄色。

此外，棕红色皮肤的外星人也曾出现过。1962年，在美国新墨西哥州霍洛曼空军基地附近，有一架直径约为22米的飞碟坠落。据传，里面有两具外星人尸体，他们的皮肤呈棕红色。

更令人难以置信的是，在地球人目击外星人的事件报告中，还记载着有人见过红色外星人，甚至蓝肤人和绿肤人。

在众多的事例面前，人们不禁要问：地球人的肤色同样存在于外星人身上吗？对此，有人持肯定态度，因为他们认为地球人是外星人的试验品。但这种说法也只是猜想而已，并没有证据能够证实它的真实性。

探索发现
DISCOVERY & EXPLORATION

蓝种人

蓝种人是一种稀有人种，因浑身呈蓝色而得名。现今，蓝种人多生活在智利海拔近6000米的山区。据称，这些蓝种人可能是因为体内铜元素过多，缺乏铁元素而形成的。

外星人如何与人类交流

外星人是不是会说包括英语、法语等在内的所有人类语言？
外星人是通过心电感应和我们人类交流的吗？

如果外星人来到地球，需要和人类沟通的话，他们会使用哪种语言呢？有人认为，外星人会讲流利的英语。据说1961年，一位自称目击过外星人的妇女回忆说，外星人和她交流时说的是纯正的英语，他说的大概意思是："在火星上，我们从大气中获得食物，但是现在大气越来越稀薄了，所以我们要寻找新的生存场所。"

也有的人认为，外星人讲的是法语。据说，1950年，法国的一位男子称他在散步时遇到几个外星人正在修理飞碟上的零件。这位男子出于好奇，就走上前问道："出故障了吗？"外星人也用法语回答说："是的，不过一会儿就能修好。"据他回忆，这个外星人讲法语时慢吞吞的，发音也不是特别清晰。甚至还有人认为，外星人讲的是西班牙语。一位目击者说，外星人曾用西班牙语对他说："我们来自金牛座中的昴星团。希望你跟我们走，以便认识一个

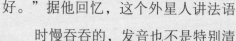
想象画：与外星人交谈

新的世界，那里有许多比地球上优越的条件。"这位目击者称，这些外星人的样貌与北欧人相似。

但是，有些目击者却认为，外星人是通过心电感应和他们交流的。这些目击者说，平时他们并不具备心电感应的能力，但人的思维是一种信息波，外星人可以接收、翻译甚至控制这种波。所以，当和外星人接触后，人类很自然地就拥有了心电感应的能力。

还有人提出，外星人和我们人类的对话是通过某种仪器来完成的。有目击者说，外星人当时拿着一个盒子状的仪器，经过反复调节上面的按钮，盒子里就发出了我们人类的语言。研究者推测，那个盒子应该属于语言翻译机之类的东西。

尽管以上假说都有一定的道理，但直到现在也没有人能够准确说出外星人究竟会使用哪种甚至哪些语言。而且，目前也没有可靠的证据证明心电感应和语言翻译机真的存在，这些问题到现在还是未能解开的谜。

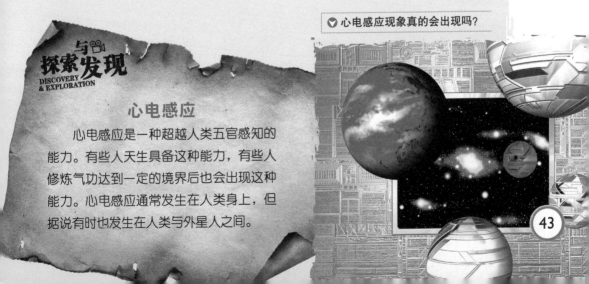

▼ 心电感应现象真的会出现吗？

探索发现
DISCOVERY & EXPLORATION

心电感应

心电感应是一种超越人类五官感知的能力。有些人天生具备这种能力，有些人修炼气功达到一定的境界后也会出现这种能力。心电感应通常发生在人类身上，但据说有时也发生在人类与外星人之间。

抢救天外来客

菲律宾医生抢救的外星人伤势如何？
被救的外星人被带到了哪里？

外星人真的存在吗？长期以来，众多UFO目击事件使人们相信，外星智慧生命确实存在，而且他们始终在监视地球！外星人出没于密林深处、城市上空、冰雪世界……在众多遭遇UFO或外星人的事件中，虽然当事人的经历无法被核实，但许多人仍旧相信，人类曾找到过外星人的尸体，甚至俘获过外星人。但在事发后不久，外星人的去向便成了最高机密。发生在1991年6月的事件就是这样。

据称，1991年6月的一天，美国空军正在南太平洋上举行军事演习。这时，一架UFO悄悄"潜入"了演习现场，观察着空中战机的一举一动。但很快，它的行踪就被士兵发现了。美国空军的一架参加演习的歼击机立即朝这位"看客"开火，击中了它。刹那间，那架UFO就在菲律宾南端的苏禄群岛区域坠毁了。

没过多久，一架美国军用直升机突然现身菲律宾南部小城三宝颜，并停在了三宝颜北部的一所医院附近。它刚一降落，五名全副武装的美军士兵就匆匆向院长办公室走去。他们见到院长后立即发布命令："马上为一名特殊的'重症患

◆ 美国空军的军事演习

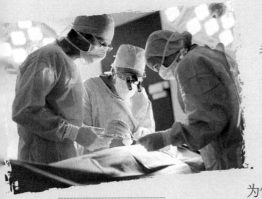

为外星人做手术

者'空出一间专门的病房！"同时，他们还要求接触这件事情的医务人员绝对保密，声称如果有人胆敢将此事透露出去，他会倒霉的！

这位"重症患者"究竟是谁？为什么军方要所有人严守秘密呢？事情似乎变得越来越神秘莫测了。接手这位"患者"的戴·罗萨里奥教授一边思忖，一边安排医护人员准备病房。

病房刚准备完毕，这位神秘的"重症患者"便被火速抬了进来。罗萨里奥教授走上前，准备实施救治。但当他掀开蒙在担架上的布时，顿时被眼前的景象惊呆了：担架上躺着的根本不是普通人！只见他身材矮小，手臂一直伸到膝关节处，看起来像个外星人。

震惊之余，罗萨里奥迅速为这位神秘的患者进行了全面检查。经过一番忙活，他发现患者的锁骨严重骨折，左腿和胸部也受了重伤。令罗萨里奥不解的是，患者的脉搏始终无法摸到。更令人难以置信的是，他竟然没有心脏！

患者身体的这些特殊情况给救治工作带来了极大的困难，因为任何医生都不曾接触过这样的病例。当罗萨里奥将困难告诉美军士兵时，他们却对罗萨里奥的解释置若罔闻，还强硬地命令道："无论如何要把这只'猴子'救活！"

难道，这位"重症患者"并非人类，而是驾驶UFO的外星人？如果

需要被抢救的竟然是外星人

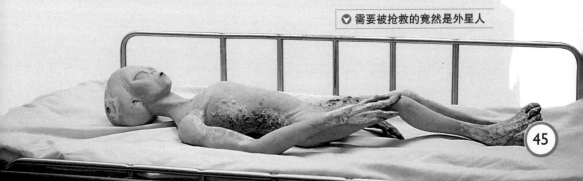

不是，为什么美军士兵要全副武装地护送他，又命令医护人员必须将他救活，并且要求他们对此事严格保密呢？在场的医护人员心中充满了疑虑。

最终，罗萨里奥教授亲自主持着为患者做了手术。罗萨里奥先将患者折断的锁骨接合上，又从他身体里取出了两颗子弹。当时，想让患者独立呼吸已相当困难，罗萨里奥不得不把患者放进了一个20世纪50年代制造的"铁肺"人工呼吸装置中。几个小时后，这位神秘的"重症患者"的身体状况终于有了好转。正当医护人员决定继续施救时，美军士兵却勒令他们终止了治疗。他们立刻把患者连同人造"铁肺"一同搬上了军用直升机，随即风一般地呼啸而去。

据说，这位遇难生还的"重症患者"后来被送到了马尼拉附近的一个秘密军事基地。直到现在，这位"重症患者"的身份仍是一个巨大的谜团。

从身体结构来看，如果他不是外星人，又会是谁呢？对此，人们不禁浮想联翩。

探索发现 与
DISCOVERY & EXPLORATION

铁肺

20世纪早期，脊髓灰质炎在全世界盛行，很多人因此瘫痪，还无法顺利呼吸，铁肺由此而生。它由美国工程师菲利普·德林克发明，曾经挽救了不少人的生命。后来，由于正压呼吸器的诞生，铁肺逐渐退出历史舞台。

▼ 在马尼拉附近出现的外星人令人困惑

"高温"陌生人来访

费罗切遇到的陌生人长什么样?
费罗切遇到的陌生人有什么奇特的地方?

乌拉圭人胡安·费罗切·哈西奥拉和妻子居住在一个偏僻的庄园里。他的两个女儿都出嫁了,很少回家看他。平时,费罗切就在庄园后面的房子里打铁,晚上也常常睡在那里。

据说,有些外星人的手宛如魔火般,会将人灼伤

1980年6月14日凌晨,这位63岁的铁匠和妻子正躺在床上听收音机。突然,一阵奇怪的声音从外面传来。费罗切慌忙起身去查看情况。

他所住的这个房子比较简陋,门外安着一盏小灯,门上还开着两扇小窗。费罗切将门上的灯打开,又透过门上的一个窗户向外张望。他发现,有两个身影正在夜色中移动,而奇怪的声音就是从他们那里传来的。起初,费罗切还以为是两个女儿回来看望自己了,但借着灯光他才发现这是两个陌生的年轻人。

这两个陌生人是一男一女,看上去像是兄妹俩。他们大约十六七岁,身材高大,一身连体衣裤紧贴肌肉,从脖颈一直延伸到脚部。从他们的衣服可以看出,他们的身体很结实。两人神态高傲,一头黑发短而卷曲。奇怪的是,他们的上额都有一道宽约1厘米且非常深的疤

神秘外星人的黑影

47

痕，从两眉之间一直延伸到头发里。就在费罗切好奇地看着两个陌生人时，男青年突然迅速朝他走来。费罗切倒吸一口凉气，赶紧去关虚掩着的大门，但这时男青年已经将手放在门上，并打算将门推开。费罗切用力地抵着门，但根本无济于事，因为对方的力气非常大。见陌生人的一只胳膊已经进了屋子，费罗切急忙伸出手去攥住他的手腕。突然，费罗切感到一股热流穿过手掌，把他的手灼得生疼。

费罗切的妻子躺在屋里，突然听到丈夫大声喊道："不！不！你不能进来。"紧接着，传来了关门声。他妻子赶紧爬起来朝门口走去。只见费罗切看起来很痛苦，手上布满了红色的小点。但他妻子朝外面看时，却什么都没发现。夫妇俩吓坏了，完全不知道该做什么。直到第二天一早，费罗切夫妇才想起来去警察局，把夜里发生的事情报告了警察。

费罗切回忆说："当时，我奋力搏斗，不想让他进来。奇怪的是，我在感到手被烧得生疼时，也感到那人推门的力气小了。于是，我就用力把门关上了。但使我感到困惑的是，他们把我的手烧伤后就离去了。"当调查人员询问他攥住那名陌生人双手的感觉时，他说："当时，那股热流来得非常快，我还没来得及攥紧那个人的手，就痛得缩了回来。"

有些外星人的体温堪比高压电

警方初步了解后，立即将费罗切送到医院。医生发现，费罗切的左手上有多处烧伤，这些伤处呈点状散布在手心周围，一共有42处。显然，手是被高热灼伤的，但伤势并不严重。

奇怪的事还不止这些。费罗切出院后，无意中发现出事那天晚上，自己家的电表消耗的电竟然高达600千瓦

时。要知道，这相当于他平常一个月的耗电量！调查人员得知这一信息后，来到了费罗切家。他们发现，在费罗切房外的一个地方有3个小坑，如果将这3个小坑连接起来，就是一个每边长约3米的三角形。很明显，这是某种有相当体积和重量的物体压出来的。

这3个坑中，有两个一样大小，另一个大一些，坑深约7厘米，直径为60厘米。这3个坑位于费罗切的房屋约80米远的地方。

值得庆幸的是，事情就这样结束了，之后那两个陌生人再也没有来过费罗切的家。至今，费罗切仍常感到纳闷：那两个穿着怪异、体温高到能烧伤别人的人究竟是谁呢？他们来访那天晚上，为什么自己家的电被"偷"去了那么多？难道他们是乘坐飞船来的外星人吗？这起事件引起了许多外星人爱好者的兴趣。

◀ 看到外星人，有些人总会害怕

探索发现
DISCOVERY & EXPLORATION

有害的强辐射

据说，有人见过发射着强光的飞碟后，身上会出现疮，皮肤也会出现红肿。研究人员称，这是因为飞碟放射出了对人体有害的电离辐射线、红外线及紫外线。看来，飞碟对人类是有害还是无害，还是个未解之谜啊。

高智能"特种部队"

我们迄今见到的外星人机器人有哪几种？
外星人为什么要派遣机器人来到地球？

1950年7月2日，两位游客乘坐橡皮艇来到加拿大的希尔湾。他们刚在沙滩上坐下，就感到周围的空气在不停地颤动。他们惊讶地朝四周张望，结果竟然发现一个飞碟降落在不远处。

紧接着，更令人震惊的事情发生了：从飞碟上走下来几个类人生命体。两位游客惊呆了。很快，他们发现这几个生命体变换方向时，不能像地球人那样自由地转动身体，而是先把脚转过来，这样才能带动身体转动，继而行走。他们的动作显得呆板而僵直。

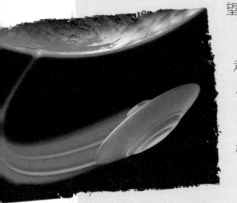

△ 外星人有时会派遣机器人去各地查看情况

事后两位游客将他们这一离奇的经历报告给了有关部门。有人猜想，这几个类人生物实际上是飞碟中的一种外星机器人，他们的行动是受到外星人遥控的。或许，这两位游客的见闻纯属偶然，或是有人故意搞的恶作剧。但越来越多的相似事例告诉人们，外星机器人的出现并非偶然。

1977年8月31日，阿玛利奥先生和罗利等7人在回家的途中突然发现山岗的丛林中射出一种红光和一种绿光。紧

▷ 外星机器人

50

接着，他们又听到了像发报机一样的声响。

正当他们好奇地张望时，一个身穿连体衣的类人生物出现在他们面前。这个"人"身高2.4米左右，当阿玛利奥先生用手电筒在他面前晃动时，他比手画脚，两只眼睛还有节奏地一闪一缩。

人们开始试着理解这个类人生物的动作。他时而用手指向月光，时而指向天空，时而又指向自己，似乎在告诉大家，他来自遥远的宇宙。

后来，他开始慢慢向后退。这时，人们发现他的膝盖没有弯曲，相当平稳而僵硬地移动着，而他始终没有将背部朝向目击者。由于他所表现出的是一些机械的活动，所以有人认为，阿玛利奥先生等人见到的一定是个外星机器人。

迄今为止，人类见到的外星机器人有机械人体、机器人、移动型电子计算机、物体性质的电脑装置等四种类型。听闻过越来越多的此类事件后，许多外星人爱好者做出猜想：这些机器人都是外星人派到各个星

▼ 外星人出现时，天空有时会出现奇异景象

球执行特殊任务的"特种部队"，他们能替外星人完成各种危险而艰难的任务。

很多学者认为，如果这些机器人是受外星人指派，从生物及人类对宇宙的适应性来看，他们显然适应性更强。由于对生存条件要求较高，地球人离开地球后很难继续存活，而且还有不可逾越的寿命限制。但机器人就不同了，他们的智力可以随着科学水平而提高，并且他们能适应一切宇宙星球的环境和条件。

🔺 类人外星机器人

机器人可以被输送到宇宙的任意一个角落，在广阔的空间中采集信息，进行考察、研究。从这个角度看，外星人想来宇宙时，一定会首先选择机器人。从前述事例中我们可以知道，机器人行动比较僵直、呆板，由此可以看出他们是受控制的。

而这些机器人如果真的属于外星人，毫无疑问，他们的智能水平远在人类制造机器人的水平之上。这对外星人爱好者来说，倒是一个值得探讨的话题。

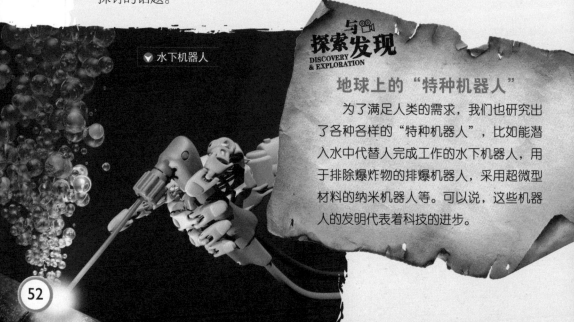

🔻 水下机器人

探索发现
DISCOVERY & EXPLORATION

地球上的"特种机器人"

为了满足人类的需求，我们也研究出了各种各样的"特种机器人"，比如能潜入水中代替人完成工作的水下机器人，用于排除爆炸物的排爆机器人，采用超微型材料的纳米机器人等。可以说，这些机器人的发明代表着科技的进步。

可怕的植入手术

外星人在人体内植入了什么?
外星人安装在人体中的东西有什么用?

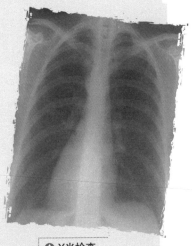

⚠ X光检查

1995年8月19日，美国加利福尼亚州的卡玛里罗医院宣布了一则震惊世界的消息：一批自称被外星人植入了不明物体的病人在该医院接受了切除手术，而这样的手术在全世界尚属首例。

接受这次手术的有一男一女两名病人，他们声称自己曾被外星人劫持。医院在对他们进行了X光检查后发现，他们的身体内确实多了一些物体。

医生从这两名病人的体内切除了总共三件物体，其中有两件是从女性的脚趾中取出的，另外一件是从男性的手上取出的。这三件物体均由金属材料制成，呈T形，外面被黑灰色的光亮薄膜包裹着。医生试图切开这层薄膜，却始终无法成功。

令医生感到惊讶的是，金属物体虽然已被切除，但病人只要触碰到这些物体，身体立马就会产生反应，特别是在进行局部麻醉后，反应会更加激烈，有的甚至会在一个星期后变得疼痛难忍。

对此，医生们颇感疑惑：物体已经从病人的身体中切除，为什么

⬇ 医生准备为病人取出外星人植入的东西

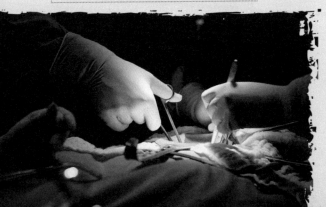

还会对他们的身体造成影响呢?
难道他们体内真的被外星人植入了
某种高科技的物体吗?如果这种猜测
属实,外星人这样做究竟有什么目的呢?目前
这些疑问还无法解答,但可以肯定的是,这些物
体在离开人体后仍能对人体产生作用。如果这些
物体属于外星人,那么外星科技的高度发达也就不言而喻了。

> ⊙ 外星人植入的东西
> 有些和陨石很像

地球人被外星人进行"植入手术"的事并未停止。1996年5月18日,又有三位病人接受了类似的切除手术。外科医生用X光对三位病人进行了检查,结果发现其中一名男病人的左下颌有一个金属体,另外两名女病人的腿部都有一个小而不透明的放射性物体。在手术中,医生从病人的身体中取出了一个由一层暗灰色薄膜包裹着的小三角形金属物体,还取出了两个灰白色小球。

> ▽ 地球人被外星人绑架

迄今为止,这样的手术已经进行了七例,其中有三例病人因为皮肤完全暴露在紫外线的照射下而受损,但他们称自己未受到大量阳光的照射。更令人不解的是,这些受损皮肤的形状同之前人们在那些被外星人所劫持者身上所发现的铲形标记十分相似。另外,这些切除物有一个共同点,那就是在紫外线的照射下会发出荧光。

科学家对这些频繁出现的不

明物体进行了细致的研究。1996年9月，一位科学家公布了测试结果：T型切除物中含有铁芯及11种其他元素。测试结果还显示，这些物体与陨石非常相像。那么，这些类似陨石的物体在被植入人体后究竟会起什么作用呢？这引起了众多科学家及科研爱好者的兴趣。有人猜想，这些物体可能是外星人用来控制人体的，这个猜想似乎可以解释为什么那些病人会有某些冲动行为。还有人认为，这是一种追踪装置或雷达收发器，通过它们，外星人可以轻易找到被他们控制的这些"臣民"。还有一些人做出了更为大胆的猜想：这些物体是监测地球污染程度或人体内遗传变化的装置。

尽管人们提出了各种猜想，但到目前为止，还没有足够的证据能证实其中任何一种说法的真实性。外星人的"植入手术"真的存在吗？他们施行这种手术又有何目的？我们都期待着答案揭晓的一天。

❤ 茫茫宇宙，外星人的存在及行为
始终是个谜团

探索发现

DISCOVERY & EXPLORATION

外星人绑架事件

1975年，阿根廷首都布宜诺斯艾利斯的中央铁路医院曾接收了一名病人。据病人说，他在回家的路上被外星人劫持，而且还被放在了手术台上。有三个外星人触摸过他的头和胸部。不过，现在还没有足够的证据证明他说的话是真的。

"欧洲孤儿"之谜

"欧洲孤儿"加斯帕尔·豪萨真的是一个外星人吗？
是谁杀死了"欧洲孤儿"？

据说，在1828年5月20日晚，德国纽伦堡骑兵上尉威塞尼西的家里出现了一位十六七岁的少年，他还带了一封给上尉的信。信上说，这个少年名叫加斯帕尔·豪萨，生于1812年4月30日，他在1815年冬天的一个夜晚被人丢弃在一户人家门前，那户人家将他抚养到16岁，但对他的过去仍一无所知。写信人还说，希望上尉能让这个少年加入纽伦堡的骑兵第六连队。但是，当上尉问他问题时，少年一个都答不上来。上尉无奈之下，只好把他交给了警察，警察又把他送到了收容所。

令人惊异的是，这个少年并不知道周围的事物，也不知道昼夜的交替，甚至连太阳和月亮都没有见过。不过，他的长相和举止却非常文雅，这让他显得气度不凡。人们称他为"欧洲孤儿"。

◀ 据说，神秘少年对地球一无所知，连太阳都没有见过

探索发现
DISCOVERY
& EXPLORATION

杂居说

有人认为，外星人就生活在我们普通人中间，这就是"杂居说"。在一些照片中，研究者发现，个别人的头周围被一种淡绿色的晕圈环绕，这让他们显得非常特别。研究者推测，这些人有可能就是外星人。

有关加斯帕尔·豪萨的传闻在纽伦堡不胫而走。中学教师道梅尔听到这个消息后，马上对少年进行了调查。他发现，这个少年的心理状态并没有什么异常。他把少年接回家悉心照料，并试图了解他的过去。据少年回忆，他从记事起就住在一间黑暗的小屋内，对时间没有概念。

德国纽伦堡

不久之后，厄运突然降临。1833年12月13日，少年在公园里遇到了一个神秘男子。那个男子殷勤地对少年说："你愿意在明天的这个时候来到这里吗，殿下？"说完那个男子就消失了。第二天，少年带着满腹疑惑来到了公园。前一天出现过的那个男子突然冲了过来，将一把利刃刺进了少年的腹部，然后便逃之夭夭。少年短暂的一生就此终结。

加斯帕尔·豪萨的经历直到今天仍是一个谜，很多人都怀疑他其实就是一个生活在人类世界中的外星人。1930年，美国的神秘事件研究家查尔斯·福特也指出，加斯帕尔·豪萨不是我们这个世界的人，他来自遥远的宇宙。事实果真如此吗？现在还没有人能够回答。

也许外星人就生活在我们身边

"金星人"在地球

地球上究竟有没有外星人？
外星人来到地球有什么目的吗？

在当今世界，很多人都声称自己遇到过外星人，还有人声称自己是外星人与地球人的子孙，甚至有人公开宣称自己就是外星人。虽然目前的主流科学还不能证实这些人的故事是否真实，但最近，研究人员从这些人的DNA中找到了一些证据，证据显示这些人的DNA确实非常特殊，在人类中很少见。

△ 想象画：金星上的文明世界

来自美国俄亥俄州的妇女奥妮克就是其中的一个例子。每天只需要两小时睡眠、拥有很多超常能力的她，声称自己于246年前在金星上一个名为淘特尼的市镇出生，1955年时"带着使命"来到地球。当时，没有身体的她住在一个飞行器上。后来，她进入了一个因车祸死亡的7岁女孩的身体，而这个女孩的真正灵魂已经在

◁ 据奥妮克说，很多星球上都有各种不同的生命

车祸中消失。再后来奥妮克慢慢长大了，过着与正常人一样的生活。她在婚后搬到芝加哥，为了抚养三个孩子，她做过酒吧招待、服装设计师和出纳员。直到1990年，她才公开了自己是"金星人"的身份，成为畅销书的作者。现在，奥妮克致力于实现自己来到地球的"使命"，在欧美各地旅行的同时向地球人传达宇宙的信息。

据奥妮克所知，很多星球上都有各种不同的生命，他们一直在监视着地球。而且，地球上不同的种族也与不同星球的生命有着密不可分的关系。奥妮克还回答了有关星系和宇宙的问题，虽然她描述的一些情况与目前人类通过宇宙探测器了解到的相矛盾，但一些相信奥妮克的科学家、研究员，甚至美国航空航天局的前任官员都曾说过，一些公开发表的宇宙和行星照片都是被修改过的，照片上的飞碟和看起来像是外星文明创造的各种各样的建筑都被删除了。所以他们认为，不能说奥妮克的故事完全没有真实性。

地球上究竟有没有外星人存在？如果有的话，他们为什么会来到地球？所有这些问题都还是未解的谜。

▶ 一些进行过太空探测的宇航员声称宇宙中确实存在外星文明

探索发现
DISCOVERY & EXPLORATION

金星的名字

在古代，金星被称为"太白"或"太白金星"。此外，它又叫"启明星"，这是因为它每天日出前会出现在东方，预示着天快亮了；还叫"长庚星"，这是因为它每天傍晚时会出现在西方的天边，预示着黑夜降临。

收集外太空礼物

外星人的文字为什么会有"火星"二字呢？
外星人送来的礼物都有什么？

许多外星人爱好者与科研人员坚信外星智能生命确实存在。不仅如此，外星人还经常乘坐飞碟光顾地球，对地球进行观察、研究。世界上关于地球人遭遇外星人的报告不胜枚举，研究人员通过对目击者施以催眠，让当时的情况得以重现。有的目击者还拿出了外星人赠予他们的"礼物"，以此证实自己经历的真实性。

▲ 人们会用催眠的方式让目击者回忆见到外星人的情景

1965年3月2日，一位美国人在美国的布罗克威尔城看到一架直径约为7米的类似于飞碟的物体降落在城郊的一块空地上。不一会儿，一个戴着透明头盔的类人生物走向目击者，并从连体服左侧取出一个黑色的小盒子。与此同时，这个类人生物还交给目击者两片质地极薄的纸。纸上写着一些奇怪的外星文字。美国专家研究后发现，文字中有"火星"二字，至于其余的信息，就谁都无法读懂了。

美国飞碟专家霍尔曼森表示，从类人生物留下的文字中常常能见到金星、火星、木星这些星球，也许他们来自那些星球，或者曾在那里居住，或者他们的基地位于那里。

⚠ 人们猜测，火星有可能是外星人的基地

一个多月之后，又有目击者在美国的达特木尔发现了一个飞碟。当时，飞碟在离地面1米处飞行，后来从飞碟里面走出了三个类人生物。那些类人生物见到目击者后，用蹩脚的英语同他交谈，并给了他几块金属片。事后，这些金属片被送到美国埃克塞特天文台学会进行研究，但令人失望的是，研究的结果却被封存了起来。

类似的事件在美国威斯康星州也发生过。

1961年4月，一个飞碟降落在了威斯康星州，紧接着从里面走出来一个外星矮人。目击这一事件的是一个小男孩。外星矮人走下飞碟后，走到小男孩面前，拿出一个双把手的瓦罐，并做出喝水的样子。男孩认为这个外星矮人一定是口渴了，于是就往他的瓦罐中倒满了水。出人意料的是，这个外星矮人似乎非常"知恩图报"，他把一块"饼干"送给了小男孩。事后，这块"饼干"被美国联邦调查局取走了。后来，研究者经过化验，发现这块"饼干"的成分并非地球上的物质。

无独有偶，一位瑞典工人曾在野外看到一架飞碟降落在地上。它

◀ 木星上也可能有外星人

61

起飞后,目击者来到飞碟的降落地,捡到一块具有金属光泽的物体。经化验,研究人员发现这一物体的物质结构与地球上任何物质的结构都不同。而对于此物是由何种物质组成的,专家和学者都无法做出解释。

很多捡到飞碟遗留物的目击者都感到很荣幸,他们认为这也许是外星人送给他们的礼物。而人类收到外星"礼物"的事例远不止这些。

1965年8月24日,一个飞碟上的外星人主动向一位巴西人"坦白"道:"我们来自另一个星球。"之后,他将一块奇怪的金属送给了目击者。一家铁路公司对这块金属进行了化验,结果发现这块金属竟然对研究飞碟很有作用。

事实上,就在这件事发生前,有外星人光顾了墨西哥。他们在一名学生的脚下放了一块金属,上面还刻着莫名其妙的文字。世界各国有名的科学家、专家都对此进行了研究分析。他们使用最先进的科学仪器对金属进行了细致的测试,但都没有译出它上面文字的含义。

◎ 外星人

◆ 世界多处都曾有外星人来过

在遥远的欧洲，同类事件也在上演着。

1972年6月，一位意大利无线电工程师在用天文望远镜观测卫星时，突然发生了停电事件。紧接着，三个两米多高的外星人朝他走来。他们眼睛发着光，身后不远处还停着一个直径约4米的卵形飞碟。外星人往工程师手里放了一块白色半透明的卵石，之后便返回了飞碟。

巧合的是，英国数学家约翰也有一块神奇的白色卵石。它由石英组成，被陈列在英国博物馆里。约翰的儿子在给有关部门的信中说这块石头是一位叫乌里埃尔的天使圣人送给他父亲的，这说明数学家约翰曾经见过飞碟外星人。

但许多人认为那些物体只是由人类尚未了解的元素构成的，并非来自宇宙。不过，目击者是如何获知这些元素尚未被人类掌握的呢？从这个角度看，外星"礼物"的说法似乎更加合理。

● 神秘飞行物即将来地球

与探索发现
DISCOVERY & EXPLORATION

外太空的礼物——陨石

你知道吗，其实陨石也算是外太空送给地球的礼物。陨石记录了50亿年来太阳系的演变，通过研究它们，我们可以了解宇宙的演化，探索地球以外是否存在着生命。它们为我们研究外星生命提供了一条重要线索。

骇人听闻的"屠牛事件"

牛是被外星人杀死的吗？
外星人杀死了那么多牛，是不是要用它们来做生物实验？

在世界各地的目击者报告中，研究人员发现外星人会劫持地球上的动物来进行生物实验。

据说，在美国的阿肯色州、俄克拉荷马州、密苏里州、蒙大拿州等地，都发生过骇人听闻的"屠牛事件"。迄今为止，被残害的牛已达上万头。这些牛有的被抽光了血液，有的被割走了内脏，有的被割掉了眼耳口鼻和生殖器。而且，有5头牛同时被杀，却莫名其妙地被等距离摆放成一条直线。更令人惊异的是，无论在哪一个屠牛现场，人们都没有发现血迹，牛尸周围没有挣扎的迹象，附近农场里的人也没有听到任何声响。这样一来，牛群的死因便无法确认，连法医都不能确定凶手使用的凶器和杀牛方法。

更为奇怪的是，这些牛的尸体在经过一个多月的风

探索发现
DISCOVERY & EXPLORATION

外星人的生物试验

不久前，巴西科学家狄米路对新闻界声称，他在亚马孙河流域的森林里发现了600多名由于被外星人绑架而失踪多年的人。据报道，这些人大都接受过外星人的医学生物实验，有些人的额头上还留有疤痕。

◀ 很多人认为，"屠牛事件"是外星人在进行生物实验

吹雨打后，竟然丝毫没有腐烂的迹象，连苍蝇都"望而却步"。

农场里的人说，这些牛平时都是散养的，要想套住一头四五个月的牛仔，需要许多男人骑在马上通力合作才行。可是在现场，一点套牛的痕迹也没有。有些牛像是从高空掉下来摔死的，因为除了刀伤之外，有些牛的腿骨和肋骨都断裂了。但是，是谁在高空逮住了它们呢？这不像是人类所为，因为一旦我们的直升飞机靠近牛群，它发出的声响和强大气流早就会将牛吓得狂奔乱窜，而且这些牛的尸体上又没有被麻醉和被毒死的迹象，更没有枪击的痕迹。

面对种种疑惑，人们不禁要问：究竟谁是罪魁祸首？研究人员说，在牛尸周围的地面上，有一片焦黑的土地，看起来像是被某种放射性物质灼烧过。另外，研究人员还在周围发现了类似UFO降落的痕迹——在直径大约为4米的圆形中有两层圆圈，看起来像是UFO的支柱留下的。很多人认为，这种骇人听闻、前所未有的屠杀，是外星人在进行生物实验。真相果真如此吗？这个谜至今还没有解开。

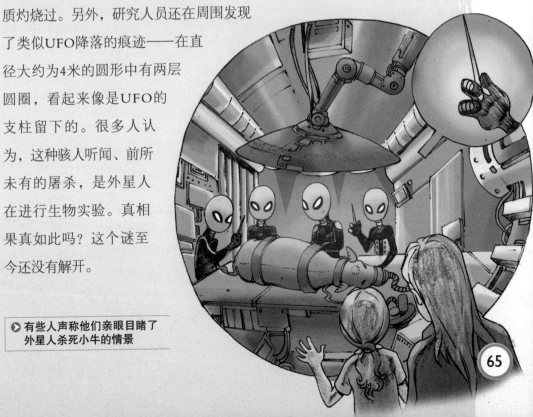

▶ 有些人声称他们亲眼目睹了外星人杀死小牛的情景

65

外星人遇难事件

坠毁的飞碟是用什么材质做的?
外星人掌握的技术是非常完美的吗?

据说,1948年3月25日,美国新墨西哥州的奥德萨市郊上空突然出现一架银光闪闪的圆盘形飞碟。飞碟在空中抖了两下后就栽了下来,在奥德萨东北19千米处坠毁。美国空防部及当时美国国务卿佐尔茨·马尔萨德将军得知消息后,立刻组织了一个联合调查小组赶赴现场。

在那里,调查小组发现了一架直径约30米的银白色金属飞碟。在对其进行研究后,调查人员发现飞碟的外壳是由类似铝合金的金属制成的,轻如塑料,却非常坚硬,而且能耐住10000℃的高温。此外,构成飞碟外壳的合金含有30多种元素,而目前的地球实验室根本无法制造出这种合金。最令人称奇的是,飞碟的外壳上竟然没有一颗铆钉、螺丝,甚至连焊接的痕迹都没有。

调查人员还发现飞行物属于轮式飞碟,它飞行时外部金属舱会环绕

◆ 坠毁的飞碟

着中心舱室旋转。他们好不容易找到飞碟舷窗，敲碎一扇窗户后钻了进去。舱室直径约为5.5米，主体上部与驱动机械装置连接在一起。内舱密布着各种各样的控制按钮和仪器，研究人员还在一个凹槽中发现

▲ 人们发现的死亡的外星人

了自动驾驶仪。舱室中共有150件物品，其中包括一台没有电子管的无线电发射机。在飞碟的仪表盘上，有几个带有文字的按钮和手柄，文字还能在显示器的屏幕上发光。另外，调查人员还发现了一本书，但所用"纸张"像塑料一样坚硬，而文字则像梵文。据说，在飞碟中共找到了14具外星人尸体，这些尸体高约90～105厘米。坠落的强大惯性导致其中两个外星人被重重地摔在仪表盘上，尸体被烧成了深褐色，其余12具尸体则都是张开两臂躺在飞碟内的地板上。此外，他们身上还散发着一股类似臭氧的难闻气味。

外星人可能掌握着远超于人类的科技，但他们的技术并非十全十美，在地球上发生的多例飞碟坠毁事件就证明了这一点。可想而知，这些外星人因意外事故或飞行失误坠落，就像人类的飞机失事一样。他们因失误而造成了悲剧，然而这对于人类研究外星文明来说具有重要的参考价值。

探索发现 与
DISCOVERY & EXPLORATION

神秘的51号区

据说在美国内华达州有个神秘而隐蔽的军事基地——51号区。在那里，各国国家元首都可以看到冷藏的外星人尸体。但至于是否真的存在这样一个神秘的地方，美国政府一直没有发表过任何言论。

外星**婴儿**降落人间

外星婴儿和地球婴儿有什么不同?
外星人掌握的技术是非常完美的吗?

1983年7月14日晚上8点左右,一个火红的发光体突然出现在位于咸海东侧的索诺夫卡村。几秒钟后,人们听到空中传来巨大的爆炸声。苏联边防军接到消息后,立即派出军队对边境进行严密监视。

7月15日晚上10点,驻扎在索诺夫卡村的军队听说一个牧羊人发现有个不明物体从空中降落。佐尔达什·埃马托夫上校立即乘车赶到现场。在那里,他看到了一个椭圆形的金属物体,其长、宽、高均在1.5米左右,下部有短而粗的支架,上部有一扇紧闭着的门。确认物体内没有炸弹后,佐尔达什上校下令打开这个金属物体的大门。大门打开后,人们看见一个婴儿躺在里面。他呼吸缓慢,似乎在熟睡。

为了弄清楚这个婴儿的来历,军方把婴儿连同金属物体一同抬到了位于伏龙芝的研究中心。研究人员仔细检查后发现,这个婴儿虽然长得像地球人,但是跟地球人又有明显的不同:他的手指和脚趾之间有蹼,而且眼睛是紫色的。X光透视结果显示,这个婴儿的肌肤结构与正常人一

通常,人们认为外星人出现时总有奇特的现象发生

● 地球婴儿

样，但是他的心脏特别大。此外，他大脑的活动比地球上的成人还要频繁。

一位看护婴儿的护士介绍说："这个婴儿可能有一岁的样子，体长0.66米，体重11.5千克。他没有头发、眉毛和睫毛，好像没有长眼皮。他不哭也不笑，但很聪明，给他换衣服时，他能够配合得很好。"此后不久，军方发言人对新闻记者说："种种迹象表明，这个婴儿是个外星婴儿，是一架失事的UFO在紧急时刻释放出来的，那个承载婴儿的金属物体十分平稳地着陆了。我们认为那个金属物体中有一个太空急救系统，所以这个外星婴儿没有受伤。"

外星婴儿的消息很快引起了全世界的关注，人们希望从他身上了解到更多有关外星智慧生命的消息。但不幸的是，他在降临地球一年后就突然发病死去了，这给人们留下了许多疑问。

关于外星婴儿的报道还有很多，其中，有人认为这一事件纯属捏造；有人则认为世界上有许多关于UFO的报道，外星婴儿出于某种原因降落人间也有可能。至于真相究竟如何，我们就不得而知了。

● 外星婴儿

探索发现
DISCOVERY & EXPLORATION

乌拉尔外星人

1996年，俄罗斯的乌拉尔地区出现了一个身高只有25厘米的奇怪生物，他长着洋葱般的脑袋和一双大大的眼睛，嘴里时常发出"吱吱"的响声。但令人遗憾的是，没过多久他就死去了。多年来，俄罗斯学者一直试图破解他的身世之谜。

野人是外星人吗

野人是外星人发送给地球的实验品吗?

野人从哪里来?

　　人们常常把类似于人的生物统称为"野人"。近年来,野人出现的频率似乎格外高。据说,1952年9月,在美国弗吉尼亚州的一个小村庄里,一群孩子在玩耍时突然发现了一个野人。它高达4米,面孔呈红色,两只大眼睛呈橘黄色,浑身散发出一股难闻的气味。另外,它还穿着用橡胶做成的衣服,头上戴着防护帽子。见此情景,孩子们吓得四处逃窜。

　　据说,1963年7月23日的午夜,在美国俄勒冈州的一条公路上,人们发现了一个像人一样的庞然大物。它身高4米,长着灰色的头发和绿色的眼睛。几天以后,还是在俄勒冈州,一对夫妇正在刘易斯河边钓鱼时,突然看见河对岸有一个像人一样的东西在瞧着他们。这个家伙还穿着护

据说很多人都发现了野人的踪迹

身衣，身高也不下4米。据说同年8月，《俄勒冈日报》派记者前往野人出现的地区进行调查，结果拍到了许多奇怪的脚印。这些脚印长40厘米，宽15厘米，估计留下脚印的生物体重超过了200千克。

那么，野人究竟是什么？它们又是从哪里来的呢？有人认为，野人只不过是大猩猩一类的动物。但是，也有人反对这一说法。他们认为大猩猩不可能高达4米，更不可能穿衣服。还有人认为，野人是外星人。但这一观点很快就被否定了，因为现在发现的野人看起来智力并不发达，也没有带什么先进设备，这说明野人不大可能是外星人。

许多专家认为，野人也许是外星人发送到地球上的实验品，就如同地球人往太空中发送动物实验品一样。这种说法不是没有道理的。因为，有谁能肯定像人这样的生物到了外星球仍然是高级生命呢？也许那里是别的生物主宰的世界，而像人这样的生物在他们看来只是相当于人眼中的大猩猩。有关野人的问题到现在也没有准确答案，人们只是提出了各式各样的假说而已。要想破解野人之谜，还需要研究人员的不断努力。

▼ 有人认为，野人也许是外星人发送
  到地球上的实验品

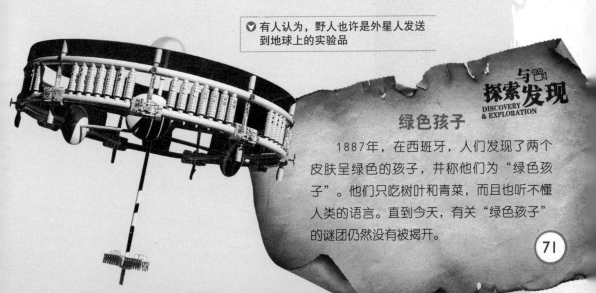

与 探索发现
DISCOVERY & EXPLORATION

绿色孩子

1887年，在西班牙，人们发现了两个皮肤呈绿色的孩子，并称他们为"绿色孩子"。他们只吃树叶和青菜，而且也听不懂人类的语言。直到今天，有关"绿色孩子"的谜团仍然没有被揭开。

追踪"黑衣人"行迹

"黑衣人"是什么样子的？
"黑衣人"就是外星人吗？

　　早在1973年，美国的《宇宙新闻》杂志发表了一篇研究"黑衣人"的专论，在世界上引起了广泛的反响。

　　该文作者以大量的事实证明，"黑衣人"在地球上的存在可以追溯到很远的过去。但作者又指出，在几个世纪以前，"黑衣人"的活动没有像现在这样频繁，而且也没有像现在这样公开。

　　那么，这些"黑衣人"究竟是些什么样子的人呢？有人说，他们是外星人派到地球上的一支"第五纵队"。但到目前为止，人们所知道的只是一些支离破碎的情况，比如他们大都是彪形大汉，身穿黑色衣服，面庞是"娃娃脸"或"东方人的脸"等。

　　通常情况下，他们遇到人时总要详细盘问一番，然后把人身上跟他们有关的记录、底片、照片、分析结果、飞碟残片等都统统拿走。有时，为了达到自己的目的，他们会对人进行催眠，给人施加压力，甚至还行凶杀人。当然，这是极为罕见的情况。

　　许多UFO专家认为，"黑衣人"的存在是毋庸置疑的。他们同人类接触的事例已不胜枚举，因此我们没有任何理由把这种事情说成是人类出

◀ 根据描述，"黑衣人"大都是彪形大汉

现了某种幻觉或有人想故弄玄虚。既然他们的存在确凿无疑，人们就必然会设法从理论上去解释他们存在的原因。

有人认为所谓的"黑衣人"其实就是美国中央情报局的超级特工人员。《"黑衣人"与中央情报局》一文的作者威多·霍维尔指出："21年来，中央情报局一直插手与飞碟有关的问题。"

"为了让诚实的目击者说出他们观察到的飞碟的情况，中央情报局用过'黑衣人'，想通过他们达到目的。"

威多在书中写道："在世界各地流传的有关飞碟的书籍里，我们看到了许多'黑衣人'的案例。这些'黑衣人'被目击者碰上后，目击者拍下了照片和UFO影片，有的还拿到了证明'黑衣人'存在的物证。'黑衣人'会逼使目击者保持缄默，并扬言如果他们不那样，将会迫害他们的家属。'黑衣人'会把一切证据统统带走，并且不会再出现在同一个地方。"

1951年，在美国佛罗里达州最南端的基韦斯特发生了一件怪事。

一天，好几个海军军官和水手驾驶着一艘汽艇在佛罗里达州的海面

想象画：外星人的基地

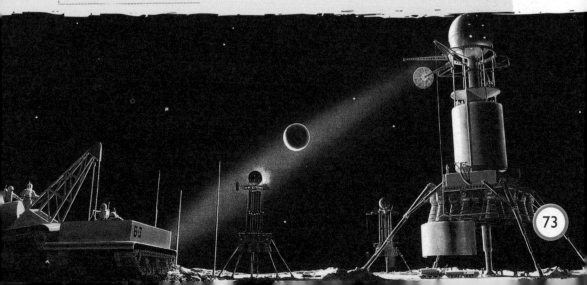

上疾驶时，突然发现海面上有一个雪茄状的物体，之后它的"壳体"上射出一个淡绿色的光柱，似乎一直射入了海底。关于这些，几名目击者用望远镜看得一清二楚。

还有一个有趣的细节，那就是这个雪茄状的物体出现时，海面上即刻出现了一大片翻起肚皮的死鱼。紧接着，地平线上出现了一架飞机，而那个雪茄形状的神奇物体也随即升入高空，几秒钟后就消失不见了。

▲ 黑衣人在对人进行催眠

汽艇刚刚在基韦斯特港靠岸，艇上的军官和水兵就遇上一群身穿黑色衣服的官员。这些官员把他们叫到一边，询问他们在大海上看到的情形。据一位目击者说，这些官员千方百计地让军官和水手们对这起事件保持缄默。

这些所谓的"黑衣人"到底是什么人呢？他们的目的何在呢？他们来自何方？全世界的飞碟专家和神秘事件研究机构都在思考这些问题。

"黑衣人"的存在是无可否认的，至于他们是不是UFO的主人，或者是否来自其他星球，我们目前就不得而知了。

◀ "黑衣人"之谜到现在也没被解开

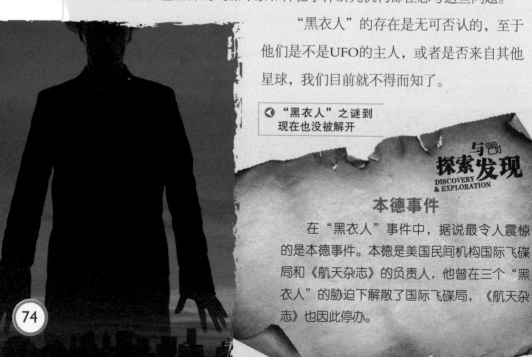

探索发现
DISCOVERY & EXPLORATION

本德事件

在"黑衣人"事件中，据说最令人震惊的是本德事件。本德是美国民间机构国际飞碟局和《航天杂志》的负责人，他曾在三个"黑衣人"的胁迫下解散了国际飞碟局，《航天杂志》也因此停办。

第三章

奇异诡谲的UFO

在人们的印象中，UFO巡天遁地，无所不能，拥有着人类制造的航空器无法企及的速度与攻击手段。那么，UFO究竟是什么样子的呢？它们又有着怎样的本领呢？难道它们真的像人们想象的那样高深莫测、战无不胜吗？……众多UFO案例告诉我们，UFO并不会主动攻击人类，但它们出现的原因及动机还是令人琢磨不透，同时令人心生恐惧。在这一章中，你将同目击者一起去见证那些行踪诡异的UFO，目睹它们的真实面貌。

UFO的基地在哪里

在百慕大三角失事的船只和飞机都是被UFO"捉走"的吗？
UFO的海洋基地是不是就在百慕大三角？

近百年来，在百慕大三角地区，飞机失踪、轮船下沉事件频繁出现，这引起了无数科学工作者的重视与兴趣。他们在对这一区域进行仔细的考察后，提出了各种假说，如"海龙卷说""磁场说""超时空说""UFO说"等。其中，"UFO说"最引人注目。这一观点认为，在百慕大三角区域的海底深处隐藏着某种外来文明，正是那里的UFO"捉走"了人类的船只和飞机。

这一观点并非凭空想象，许多飞机驾驶员、水手、渔民、记者、研究人员等都在这里的海域或空中目击过各种各样的UFO。有消息称，1968

探索发现
DISCOVERY
& EXPLORATION

百慕大三角

百慕大三角是一片位于美国北卡罗来纳州正东约600千米的海域。在这一地区，已经有很多船只和飞机莫名其妙地失踪，数以千计的人也命丧黄泉，所以人们又称它为"魔鬼三角洲"。

◆ 埃及金字塔

年1月，美国TG石油公司的施工人员在土耳其西部一处深达270米的地下，发现了一条穴道。穴道高约4～5米，洞壁光滑异常，看起来就像人工打磨过的一样。它蜿蜒向前，左右又有无数分支，宛如一个地下迷宫。

就在工人们感到万分惊讶的时候，一个白色巨人突然出现了。他身高足有4米，全身上下闪闪发亮。他还发出了雷鸣般的吼声，这令所有的工人都被震得倒在了地上！

有人由此推测，如果这件事是真的，那么巨人应该就是生活在地下的高等智能生物。令人兴奋的是，发现巨人的地点与百慕大三角处于同一纬度！很多科学家由此认为，海洋深处应该有着相互连通的隧道，而这条隧道的尽头就在百慕大海域下面。那里有一个大洞，海水可以从那儿流进去，然后再在其他海域重新冒出来。这个洞口还会产生巨大的涡旋，当外星人或UFO出入洞口时，拥有巨大能量的涡旋肯定会轻而易举地吞噬刚好经过的轮船或飞机！

另外，据传在百慕大三角区域的水下，人们还发现了一些人工建筑和两座巨大的金字塔。从建造技术来看，它们显然不是人类的作品。难道百慕大三角真的是UFO的海洋基地？现在，人们还没有找到充分的证据来证明这一点，一切都还是一个谜。

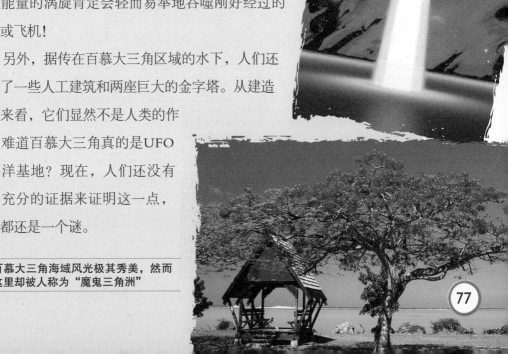

▶ 百慕大三角海域风光极其秀美，然而这里却被人称为"魔鬼三角洲"

质疑UFO留下的痕迹

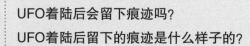

UFO着陆后会留下痕迹吗？
UFO着陆后留下的痕迹是什么样子的？

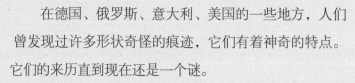

在德国、俄罗斯、意大利、美国的一些地方，人们曾发现过许多形状奇怪的痕迹，它们有着神奇的特点。它们的来历直到现在还是一个谜。

1973年的一天，据说在美国洛杉矶附近，有两位17岁的中学生在树林里的空地上看到了一个灰色的东西。他们用手电照了照，那个东西立刻发出了一种如金属撞击的声音，而且还闪烁着红色的光。接着，它垂直上升了一米多，还像陀螺一样快速旋转起来，然后就飞走了。美国的一位UFO专家很快就来到了那片空地，他仔细检查了地面上的痕迹，发现这里的泥土变得又干又硬，而且地上还有三个方形小洞，其边长和深度都是15厘米。如果将这三个小洞连在一起，就会组成一个等腰三角形。另外，空地上有一圈杂草，那些草颜色发黄。专家认为，这些痕迹有可能是UFO着陆后留下来的。

这样的事例在意大利也出现过。1977年7月5日，在一个海拔200米左右的丘陵上，人们发现了一些奇怪的痕迹。这些痕迹一共有8个，分内、外两圈。其

◀ 麦田怪圈

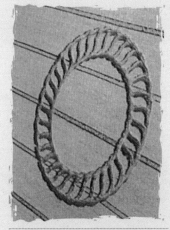

△ 大量目击报告证明，UFO着陆后会留下圆圈状的痕迹

中，内圈有4个，若将它们连起来，会形成一个不规则的梯形；外圈也有4个，若将它们连起来，会形成一个不规则的梯形。另外，这片土地看上去好像被一个非常沉重的东西挤压过。专家们仔细考察了周围的情况，认为这很有可能是UFO着陆后留下来的痕迹。而且，这架UFO着陆的时候，动作相当准确，技术也相当熟练。

一些专家综合研究了有关UFO着陆的报告，发现UFO着陆的地方大都会出现一个圆圈，圈内的土地受过重压，里面的磁场明显异常。科学家们推测，它们很有可能就是UFO着陆后留下的痕迹，但这种说法目前还没有得到证实。关于这些神秘的痕迹究竟来自何处，现在我们还不得而知。

▽ 据说，UFO着陆后常常会留下神秘的痕迹

探索发现

DISCOVERY & EXPLORATION

麦田怪圈

所谓"麦田怪圈"，就是长满麦子的麦田在一夜之间突然出现某种有规律的图案。世界上第一例关于"麦田怪圈"现象的报道出现在1647年的英国。很多人认为，麦田怪圈就是UFO在地球上降落后留下的痕迹。

揭秘**罗斯韦尔事件**

在罗斯韦尔坠毁的是UFO吗？
UFO为什么会发生坠毁呢？

　　美国新墨西哥州的罗斯韦尔是个安静的小城。但在1947年7月初的一个深夜，一起神秘的事件彻底打破了小镇的宁静。

　　当天夜里，罗斯韦尔上空突然出现了一个巨大的碟状发光体。几乎同时，在一个农场的上空，忽然发出了一声巨响。小镇上的居民被惊醒了，他们跑到户外，只见地上到处散落着一些金属碎片。据说，有人还看见一架金属碟形物的残骸。当时，直径约9米的碟形物已经裂开，有几具尸体分散在它的周围。这些尸体体型瘦小，身长仅100～130厘米。他们全都没有头发，大眼睛，小嘴巴，手上只有四个指头，每人穿着一件闪亮的银灰色连身衣。

　　驻扎在附近的美国军队闻讯立即赶来，将农场团团围住，并命令旁观者离开。到了第二天，事情开始变得扑朔迷离。刚开始，美国军方的新闻发言人宣布，前一天晚上发生的是UFO坠毁事件。但是一天后他们就改口说"UFO坠毁"只是耸人听闻的谣言，那些碎片只不过是气象探测

探索发现
DISCOVERY & EXPLORATION

坠毁的UFO去了何方

　　日本有位飞碟研究专家曾声称：1947年以后，曾经有多架UFO在美国坠毁，其中就包括在罗斯韦尔坠毁的UFO，而所有的UFO残骸和外星人尸体都被送到了美国俄亥俄州的拉特巴达松基地。

器的残片，而看似外星人的生物只不过是用来做军事实验的橡胶人。但此时，关于"UFO坠毁"的新闻已经传开，人们并不相信军方的解释。

▲ 美国白宫

很多人推测，美军在事发当晚就已经将UFO残骸和外星人的尸体秘密转移到了一个空军基地，并对这些外星人进行了解剖。同时，政府和军方首脑担心此事可能会引发社会恐慌，于是决定向世界隐瞒真相。1994年，美国军队发表了一份文件，文件首次透露罗斯韦尔事件和当时一项被视为高度机密的侦察苏联核试验计划有关。因为涉及国家机密，军方无法向大众说明，所以才引发了各种传言。然而，很多UFO爱好者、当时的目击者和一些研究人员都不认同这种解释。现在，关于在罗斯韦尔坠毁的不明飞行物到底是什么，仍然没有人能够说清楚。

▼ 想象图：UFO在空中发生了爆炸

游乐场里的"恶作剧"

UFO为什么会出现在游乐场里？
外星人对人类究竟持一种什么态度？

据说，在挪威曾发生过一起很离奇的UFO事件。在这起事件里，有67个人无意中登上了UFO，最后又全部被放了回来。整个过程显得非常不可思议，就像是外星人跟地球人开了一个玩笑。这件事发生在当时挪威最大的"胡夫科辛"游乐场，那里共设有32个大型游乐项目。每到休息日，总会有许多人去那里玩耍。

🔺 据说，UFO曾经出现在游乐场

一天的黄昏时分，一位游客在游乐场里看到了一个发出橙色和蓝色灯光的碟形物体，他还在入口的地方发现了一个金属吊梯。他走了上去，看到一个有着金发蓝眼、穿着一件银色紧身衣的孩子正站在舱口。这个孩子接过入场券，并指点那个游客进入舱内。游客走进一个圆形房间，站在墙边，其他人也鱼贯而入，同他站在一起。他们开始还以为这是个类似大转盘的游戏，谁知当所有的人都走进来后，门却关上了。紧接着，另一个穿着银色衣服的小孩走到房间中央，并向天花板上的一盏蓝灯望了

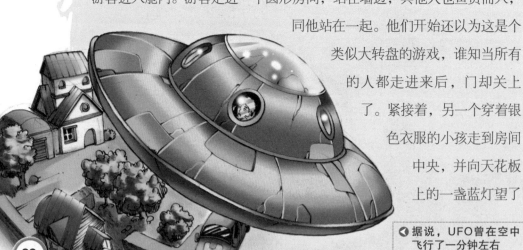

◀ 据说，UFO曾在空中飞行了一分钟左右

82

一眼，然后"大转盘"就升到了天空中！

刚开始大家还在谈笑，可是当UFO升空以后，大家才感到了异样，于是都停止了说话，房间内顿时一片沉寂。一位女游客惊异地向四周望了一眼，脱口说道："我们登上了一架UFO！"这时，人们才隐隐约约地明白发生了什么事。

这次飞行大约持续了一分钟，最后，UFO降落到了距离游乐场3千米远的一片草地上，其中一个穿银色衣服的小孩打开舱门，这下所有的人才得以逃了出来。然后，它笔直地飞上天空，消失得无影无踪。

这件事非常离奇，它证明外星人对人类并没有恶意。但是，他们这样做的目的究竟是什么？没有人说得清楚。

▶ 有时，外星人对地球人可能并没有敌意

探索与发现
DISCOVERY & EXPLORATION

UFO与厄尔尼诺

1982～1983年，厄尔尼诺现象非常明显，而那一年发生在太平洋上的UFO目击案例达到了162起。科学家们推测，也许是UFO将极热的氢气排放到了水中，从而造成了水温上升。

"天使头发"之谜

"天使头发"是什么样的?
"天使头发"是不是来自UFO?

　　1741年9月的一个黎明,外出散步的英国作家怀特发现草原上有一层"蜘蛛网"。后来他才看清楚,这些丝絮并不是蜘蛛吐出来的,而是来源于空中。它们连续不断地从高处落下,速度非常快。当地人看到后,就把它们叫作"天使头发"。

　　到了20世纪中后期,"天使头发"出现得越发频繁。据说,每当UFO离开之后,它们就会如约而至。据目击者描述,它们看起来很像蛛丝、蚕丝或棉絮,一般呈白色,闪闪发光,十分柔软。但若将它们拿在手里,它们很快就会融化、消失。

　　最著名的"天使头发"事件发生在意大利。1954年10月27日,两位意大利男子突然看到天空中有两个闪亮的纺锤状物体,它们正在快速飞往佛罗伦萨方向。当天下午,佛罗伦萨市的露天运动场传来了令人意想

● 据说,"天使头发"和蛛丝相似

与
探索发现
DISCOVERY & EXPLORATION

寻找"天使头发"的踪迹

　　调查发现,很多地方的人们都看见过"天使头发"。1998年8月,英国北威尔士地区也出现了这种蜘蛛丝状的物质。目击者说,在它们降落到地面之前,空中大约有20多个银白色的球状飞行物。

🔺 "天使头发"在意大利、菲律宾、美国、英国等地都出现过

不到的消息：在足球比赛现场，1000多名观众突然看见有两个不明飞行物掠过了天空，随后，大量蜘蛛丝状的物体便飘落了下来。经过化验，研究者们认为这是一种纤维物质，具有较强的抗拉性和抗扭曲性。从成分来看，它们很像是硼硅玻璃丝。

1967年，俄罗斯的研究人员在新西兰收集到了"天使头发"的样本，一些科学家也认为它们是一种优良的纤维物质。科学家们认为，这是我们人类从未接触过的特殊物质，并说它们不像是自然形成的。到了20世纪90年代，美国的UFO研究专家查尔斯·麦尼推测，"天使头发"可能是UFO释放出的额外物化能量，因此它们总是伴随着UFO出现。

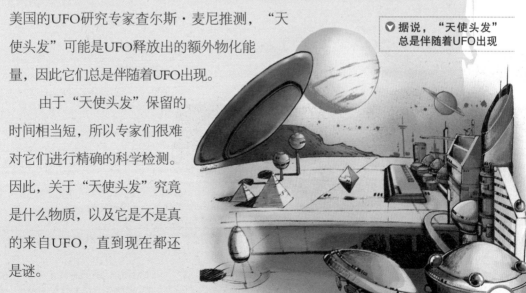

🔻 据说，"天使头发"总是伴随着UFO出现

由于"天使头发"保留的时间相当短，所以专家们很难对它们进行精确的科学检测。因此，关于"天使头发"究竟是什么物质，以及它是不是真的来自UFO，直到现在都还是谜。

UFO可以中断电流吗

> UFO真的可以中断电流，造成停电吗？
> UFO为什么要"吸走"大量的电？

美国空军研究人员称，UFO可能会通过某种受控电磁波来干扰地球上的电网，从而造成大规模的停电事故。

据说，1957年11月9日，当一个着火的圆球体向低空下降时，纽约电网的电压就开始急剧减弱。当时，汉考克机场的几位工作人员看到了一个不明飞行物，它十分巨大，在低空缓慢飞行。几分钟后，人们又看到了第二个不明飞行物，它和第一个一模一样。机场顿时陷入一片漆黑。当时，教官韦尔登·罗斯正架机向机场飞来，当他看见那个"通红的火球"时，还以为是地面上的房屋着了火。可是罗斯很快就发现，那个"火球"竟然离开地面，转瞬间便在夜空中消失了。

后来据罗斯回忆，那个不速之客悬停的位置在克莱配电站上空，该配电站控制着全纽约市的用电。事发时，市民们大都准备去郊外度

据说，UFO可能会干扰电路，造成大规模的停电事故

假，而停电事故造成600列地铁停运，导致大约6万人被困在漆黑的隧道里。另外，还有数以千计的人被关在电梯中。在纽约市内，大小汽车你挤我撞，交通事故一起接着一起。

纽约陷入黑暗的消息立即传到了华盛顿，当时的美国总统约翰逊立即宣布全国处于紧急状态。后来，困在地铁隧道里的乘客们一个个摸黑走出了隧道。各部门也启动了备用发电机，用来营救被困人员。事后，曼哈顿和纽约市的救护车全部出动，医院急诊室里挤得水泄不通，疯人院里的床位都被抢订了，连圣帕特里克大教堂也住满了惊慌失措的人。

事后，调查人员发现，这次停电事故非常奇怪，因为纽约各电网的发电机组没有出现任何故障，他们找不到事故发生的原因。因此，很多人都认为，在停电前出现的UFO就是真正的"罪魁祸首"，是它们"吸走"了大量电能。难道UFO真的可以中断电流，造成停电吗？这件事到现在也没有得到确切的解释。

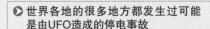

▷ 世界各地的很多地方都发生过可能是由UFO造成的停电事故

探索发现
DISCOVERY & EXPLORATION

UFO与停电事故

据说，很多地方都发生过可能是由UFO造成的停电事故。比如，1957年11月14日，一架UFO出现在美国塔马罗阿市上空，致使当地的电路全部中断。另外，在意大利罗马市和墨西哥奎尔纳瓦卡市，也出现过类似情况。

诡异的**吸血**光束

被UFO光束照射后的阿维尔怎么样了？
UFO的光束都是十分危险的吗？

△ UFO射出光束

　　1981年10月17日傍晚，位于巴西北部的帕那拉马小镇发生了一件神秘而恐怖的事。这天，小镇居民里瓦马尔·费雷拉和他的朋友阿维尔·博罗像往常一样到森林里去打猎，他们分别爬上树埋伏起来。突然，一个在空中移动的东西吸引了他们的注意力。两人肯定那绝不是流星。只见那个物体四周发着光，像卡车轮子一样飞行着，把他们埋伏地点的周围照得亮如白昼。费雷拉吓得从树上摔了下来。这时，他看见一束光射在好友阿维尔的身上。阿维尔发出了尖厉的叫声，吓得全身颤抖。费雷拉被眼前的景象吓坏了，并不由自主地撒腿就跑。

　　第二天早晨，费雷拉和阿维尔的家人一起赶到他和阿维尔昨天遭遇UFO的地方。令他们没有想到的是，他们找到的是阿维尔的尸体。阿维尔神色惊恐，身上的血液全都没有了，就像被一只巨大的吸血蝙蝠吸走了似的。

▽ UFO的光束有时候会带来危险

　　就在这件事发生后的第二天，当地的另外两个人——阿维斯塔西奥·索萨和雷蒙多·索萨在狩猎时也

遭遇了相同的事。他们穿过一片树林时，忽然发现头顶上有个黑乎乎的东西，它一动不动地悬停在空中。然后，一束光从那个东西中射出，直射在他们所站的地面上。两名猎手吓得转身就跑。突然，雷蒙多在一根树枝前倒了下去，然后便直挺挺地躺在了地上。这时，阿维斯塔西奥看到，那束光一点点地移近，最后射在了雷蒙多身体上。阿维斯塔西奥被吓坏了，他扭头一口气逃回了家。第二天早晨，雷蒙多的尸体在事发地点被人们发现。令人恐惧的是，雷蒙多身上的血也全部被吸干了。

据说，遇到"嗜血"UFO宛如遇到死神

不久后，又有一个人以相似的方式死去。一天，一个名叫迪奥尼西奥·赫内拉尔的人正在山顶上干活时，一架UFO突然出现，并将光束射在他身上。顿时，他像是被雷电击中了一样瘫倒在地上。迪奥尼西奥挣扎着回到了家中。3天后，他竟在精神失常的状况下死去了。紧接着又发生了第四起事件：何塞·比希尼奥和多斯·桑托斯去打猎时，不明飞行物又伴随着强光出现了。何塞非常勇敢，连着向UFO开了5枪，但那个物体却毫发无损。何塞逃了回来，多斯却不幸被光束罩住，硬邦邦地摔倒在地上，没发出声音就死去了。

在以上事件中，UFO射出的光线令人闻风丧胆。毫无疑问，任何人都不愿意看到那样的"嗜血"光束。但

UFO的谜团一个接一个

UFO射出的光束并非都是危险的，也许它还会给人带来好运气呢。

土耳其的曼尼沙市曾发生过一件奇怪的事。1988年12月的一天，曼尼沙市的上空突然出现了一架闪烁着绿光的圆盘形UFO，它在空中盘旋了1小时之久。许多居民目击了这一景象。令人难以置信的是，在目击者中，22名患有不同病症的病人竟然不治而愈。其中，一个失聪的男子恢复了听觉，还有一个靠氧气维持生命的女孩奇迹般地活了下来。

当地的医生尼迪对此大感不解，于是遍访了那些幸运的病人。最后，他发现治愈那些病的"大夫"竟然是飞碟身上发出的绿光。

那些奇怪的光束既能像吸血鬼一样把人血通通吸干，又能把久治不愈的病人从病魔中解救出来。这究竟是怎么回事呢？难道控制光束的智慧生物也有正义与邪恶之分吗？这些耐人寻味的古怪事件接二连三地发生，引得许多研究人员对此十分关注。很多人推断光束杀人很有可能是外星人所为，但到底是怎么回事，没有人能说得清楚。

探索发现

DISCOVERY & EXPLORATION

UFO对土地的伤害

据说，UFO的出现，不但会对人体造成伤害，还会对降落地点周围的土地造成破坏。在许多UFO停过的土地周围，多年后仍寸草不生，无论是家畜还是野兽都会远远地绕开那里。

◆ 密林是UFO常出现的地方

摆脱UFO的极速逃亡

夏洛特遇到的不明飞行物长什么样子？
夏洛特是如何摆脱不明飞行物的？

1966年11月28日早晨5点15分，19岁的夏洛特·尼巴小姐像往常一样发动引擎，驾驶汽车上了熟悉的公路。但就在这一天，她遭遇了一场极其恐怖的事件，以至于事后很久，她和家人仍感到很恐惧。

夏洛特的家位于美国佐治亚州雷诺克斯以南约10千米处的一家农场，她在50千米外的巴特斯达市工作。夏洛特上早班，必须在6点之前赶到公司，所以她每天都在5点15分出门。

28日早晨，夏洛特刚出门没多久，她的母亲——尼巴夫人就接到了她的电话。电话中，夏洛特像是受到了非常大的惊吓，说话时声音不停地颤抖。尼巴夫人问清女儿的位置之后，就和丈夫火速赶到了女儿身边。

在夏洛特的情绪稍微稳定后，尼巴夫人和丈夫把她送到了公司。紧接着，他们便拨通了空军系统的电话，报告了女儿的遭遇。当晚，夏洛特在空军人员的"护送"下回了家，家中还有若干工作人员在等着向她询问情况。但这一过程是保密的，连尼巴夫妇都无法了解。

到底发生了什么事情呢？事后，夏洛特向《壮举杂志》透露了那天早晨的恐怖经历。原

UFO出现时，往往会有奇异的现象出现

来，夏洛特早晨5点15分从家里出来，听着收音机，驾车缓缓驶入了州公路。在这个时间段，路上几乎没有车。来到一个大弯道时，她发现远处有一个白色的物体在车灯的映照下若隐若现。她赶紧踩下刹车，慢慢从右侧接近该物体。

起初，夏洛特以为这是一部出了故障的农耕机械，它足足占据了两个车道，而且像是正在燃烧一样周身发出光芒。就在夏洛特接近物体时，她车上的收音机突然失灵了。夏洛特不由得打开车窗，打量起这个庞然大物。它的形状就像两只对扣着的深盘子，许多白色光点在"盘子"的接缝处移动。她仔细一看，发现这个物体本身也在随着光点一起移动。

夏洛特只好把车子开上人行道，可她尝试了各种办法都无法通过，最后只好倒回汽车，打算原路返回，再经由75号公路到达巴特斯达。就在这时，夏洛特吃惊地发现，在物体上方的圆顶上，有两只"大眼睛"正目不转睛地注视着她。夏洛特肯定地说："那不是两盏灯，而是某种生物的会活动的眼睛！"

夏洛特开始害怕起来，赶紧掉头向来时的方向开去。75号公路上没有一部车子，夏洛特不时紧张地向后张望。更可怕的事情发生了——那个奇怪的物体追了上来，紧跟在夏洛特的车子后面。夏洛特紧张得快要窒息了，她加足马力，快速朝前方驶去。但那个奇怪的物体依然在后面

▼ UFO在空中盘旋

紧紧跟着，并且眼看就要追上她了。夏洛特觉得这个奇怪的物体想把她连同车子一起吊起来。幸运的是，一辆大拖车迎面开来，怪物这才停止追赶，瞬间消失了。事后，拖车司机说他那天早晨确实看到了一个奇形怪状的物体在后面紧跟着夏洛特的汽车。同时，在尼巴家西北方1.5千米处的马蒂夫·贝兹女士也目击了这个飞行物。当时，她正在厨房准备早餐，透过窗户，她发现尼巴家的方向出现了不可思议的红光，并且缓缓朝东南方移动。

有人认为，夏洛特一定是遇到了外星人，否则空军不会对此事如此重视。但对于夏洛特来说，能摆脱不明飞行物的追赶才是不幸中的万幸。

▶ 人们想象中的外星人

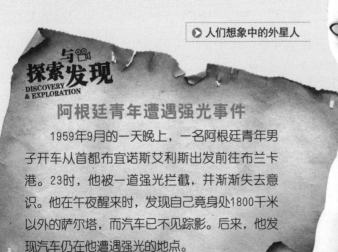

探索发现
DISCOVERY & EXPLORATION

阿根廷青年遭遇强光事件

1959年9月的一天晚上，一名阿根廷青年男子开车从首都布宜诺斯艾利斯出发前往布兰卡港。23时，他被一道强光拦截，并渐渐失去意识。他在午夜醒来时，发现自己竟身处1800千米以外的萨尔塔，而汽车已不见踪影。后来，他发现汽车仍在他遭遇强光的地点。

山谷中的悬浮"汽车"

查莫拉遇到了什么神奇的景象?
神秘飞行物走后留下了什么?

1964年4月24日傍晚，美国新墨西哥州素可罗镇有一辆黑色的轿车由北向南超速急驰。当时，警员罗尼·查莫拉正在巡逻。发现这辆轿车后，查莫拉迅速驾驶巡逻车追了上去。

轿车急速行驶着，始终领先巡逻车三个车身的距离。五分钟后，两辆车已经来到了镇外。突然，查莫拉的耳边响起了震耳欲聋的声音。紧接着，天空中出现了明亮的火焰。查莫拉知道附近有一座火药库，他以为是仓库发生了爆炸，于是立即放弃了追踪，朝火药库急驰而去。由于距离火药库还有一定的距离，查莫拉也无法确定那里是否真的发生了爆炸。

为了尽快赶到火药库，查莫拉选择了一条较短的小路，但这条小路荒凉而崎岖。查莫拉很快就发现，火焰看起来就像一个漏斗，没有跳跃的火苗，一直在缓慢下降，而且没有冒烟，极其古怪。此时，轰轰作响的声音逐渐降低了，火焰也停止了。

查莫拉加强了警惕心，慢慢向西方行驶过去。大约10秒后，他突然看到一个发光体停在河床上，就像一部竖起来的汽车，散发出冷冷的光泽，距离他大约250米。"车"的旁边还

❤ UFO出现的时间总让人捉摸不透

有两个喷火的白色卵型UFO。更令人难以置信的是，"车"的附近还站着两个类人生物，他们身材瘦小，穿着白色的连体服。

　　查莫拉之前从未见过这种情形，他心里有些害怕。就在查莫拉观察他们时，其中一个类人生物发现了他，很明显那个类人生物也吓了一跳。

　　查莫拉起初以为是发生了交通事故，便一边开车，一边联络素可罗的警署。但奇怪的是，他前进了10米后，那两个人突然不见了。查莫拉只好下车，朝卵形物走去。这时，每隔一两秒就会传来一声关门声。

　　不一会儿，四周又响起了轰隆隆的马达声，就像刚才查莫拉追踪黑色轿车时听到的声音一样。同时，卵形物的下方喷出橙色的火焰，地面上扬起了沙尘。查莫拉连忙跑开，同时不忘观察那个物体。

　　只见那个物体的表面像金属一样光滑，没有窗户和门。而在物体的中央，有一个很大的红色半圆形，圆弧朝上，下面有一条水平线。这个物体的长宽为60～70厘米。就在查莫拉观察这一物体时，它还在缓慢上升。过了大约5秒，它已经上升到了离地面3米的高度。

　　查莫拉把车开到丘陵的另一面时，轰鸣声忽然停止了，"咻"的一

▼ 发光的UFO

声之后便再没了声息。只见它速度极快，在离地面4～5米高的地方向西南方飞去。在这个过程中，查莫拉的眼睛一直盯着那个物体，并且用无线电与警察署保持联络。最后，物体越飞越高，飞过山头后便消失不见了。

◆ UFO每次离开，都给
人留下无数疑问

这一奇怪的物体从喷射出火焰到消失，不过用了短短数10秒的时间而已，但查莫拉却觉得这段时间很漫长，并且在他的记忆里永远留下了抹不去的恐怖色彩。

那个卵形的飞行物究竟是什么呢？为什么它拥有地球上任何一种交通工具都不具备的特征？它还和查莫拉之前追赶的轿车发出了同样的轰鸣声，难道它们之间有某种联系吗？这一系列问题令查莫拉感到匪夷所思。

警察接到交通事故的报告后迅速赶来，看到查莫拉面无血色，便知道了事情的严重性。很快，他们跟着查莫拉来到UFO降落的地点，发现物体着陆的地方有一个圆形的烧焦痕迹，而且UFO着陆时起支撑作用的

◆ UFO的飞行速度特别快

着陆架也在地面上留下了清楚的痕迹。

着陆时的压痕一共有两个，呈长椭圆形排列，深8～10厘米，宽30～50厘米，呈U字形，地面的土壤被压成了硬块。另外，在离压痕不远的地方，有4个直径大约为10厘米的浅圆形凹洞。

经过一番查看，警察越来越相信查莫拉所说的话了，因为这些痕迹绝不可能是偶然或自然形成的。很显然，这些地方的土地曾遭受过重压，并且受到了原因不明的损害。

与此同时，这件事还有其他的目击者。他们都是在相同的时间、相同的地方看到了查莫拉追踪轿车时所看到的光。

一位物理学家在看过UFO的压痕后断言，形成这些痕迹的物体重达7～9吨，而支架的痕迹并不是对称的，这有可能是设计者为了在崎岖不平的地方平稳着陆而特别设计的。

难道查莫拉所看到的UFO真的来自外太空某个高度文明的星球吗？答案有待于科学家们进一步探索。

> ◆ 茫茫宇宙，不知藏着多少
> 秘密等着人们去揭开

与 探索发现
DISCOVERY & EXPLORATION

神秘的悬浮物体

1980年，英国的一位警察古德弗雷驱车来到吐德莫顿。忽然，他看到一个像公共汽车那样大的物体悬浮在离地面1.5米的空中，底部频频发光。物体上有一排窗子，顶部有拱形圆盖，还有一盏明亮的大灯。古德弗雷怀疑自己看到的就是UFO。

揭秘风湾事件

风湾小镇上真的出现过UFO吗？
UFO为何频繁"光顾"风湾小镇？

  在美国佛罗里达州，有一个名叫风湾的海滨小镇。据说从1987年11月以来，这里已经发生了多起UFO目击事件，一时轰动了全美乃至全世界。

  艾德是最先目击UFO的人，他说自己第一次遭遇UFO是在1987年11月11日下午。当时，他正在书房工作。突然间，他看见不远处的半空中有个他从没见过的怪物在飞。艾德走到院子里想看个清楚，但很快他就发现那个飞行物非常古怪，它闪烁着光芒越飞越近，令人害怕。艾德赶紧跑回屋，拿起相机准备把它拍下来。当他来到大门口的时候，UFO已经靠近了他的家。艾德拼命按动快门，拍下了4张照片。此时，UFO正好飞到了艾德的头顶，就在他还想拍照的那一瞬间，有一股看不见的力量向他袭来，让他全身动弹不得。接着，UFO发射出一道蓝光，将艾德吸了起来，致使艾德飘向空中。可是，UFO好像并不打算"劫持"艾德，

  ◇ 在美国小镇风湾，发生了轰动世界的UFO目击事件

过了一会儿就把他扔回了地面。艾德昏倒在地，之后的事情他就不记得了。

然而，艾德的遭遇并未结束。9天后，UFO再次出现在他家附近，艾德又拍下了一些照片。到了12月12日凌晨3点左右，外星人终于出现在艾德家的院子里。本来，艾德打算跟踪那个外星人，可是他一出门就被UFO发出的蓝光吊了起来，倒悬在空中。很快，外星人跟随光线回到了UFO中，然后就往附近的足球场飞去，艾德则被扔回了地面。这一次，他同样拍到了UFO的照片。

事件发生后，科学家们对艾德的照片进行了研究，他们没有从中发现伪造的迹象，艾德的精神状态也没有任何异常。而且，风湾小镇上也有其他目击者看到了与艾德照片中完全一样的UFO。难道这一切都是真的吗？UFO为何频繁"光顾"风湾小镇？这些问题到现在也没人能给出准确的解释。

探索发现
DISCOVERY & EXPLORATION

"蓝皮书计划"

"蓝皮书计划"是美国为了调查UFO而设置的研究计划。它成立于1952年，其活动一直持续到1970年。该计划收集了12618件有关UFO的报告。现在，一些机密性较低的案件已陆续公开。

UFO惊现巴普岛

巴普岛上的人们真的看到UFO了吗?
出现在巴普岛的UFO是什么样子的?

1957年6月27日傍晚,在新几内亚巴普岛地区的一个小村庄波亚那,一位名叫亚妮洛莉·波娃的护士在前往教堂的途中突然看见空中有一架大型 UFO。她马上叫吉尔神父和旁边的人前来观看。这时人们发现,这架圆盘形UFO的顶端有人影,而且还是4个。因为UFO停在距离地面50米高的地方静止不动,所以地上的人可以看得很清楚。另外,这架大型UFO附近还有两架小一点的UFO。吉尔神父试着向UFO上面的人挥了挥手,他们也同样招手回应。十几分钟后,三架UFO就一起消失了。

根据目击者的描述可知,其中有一架UFO体积较大,它大概是另外两架小型UFO的母船。它是白色的,但若靠近一点,就可以看到它闪烁着淡黄色的光,它的表面似乎是由金属制成的。在它底座的上半部,有一个很大的甲板,从机身的主体部位伸出着陆支架。甲板上有4个人,他们好像正在工作,不停地进进出出。另外,整架UFO和

据说,吉尔神父向UFO上面的人挥了挥手,他们也同样招手回应

● 巴普岛

里面的乘员都被光芒所笼罩。巴普岛上的人们看到的真是UFO吗？有不少人对此表示怀疑，但有的研究人员认为，如果那些物体不是UFO而是秘密武器，它们没有理由在人口密集的地方盘旋4个钟头，而且上面的乘员更不可能向人们挥手。另一方面，美国空军在调查了这次事件之后，发表了下列结论："吉尔神父等38人看到的飞行物体，不是UFO。我们认为那些发光体中的3个分别是木星、土星和火星。它们之所以看起来好像可以自由移动，是因为光线折射的缘故。"

探索与发现
DISCOVERY & EXPLORATION

关于UFO的最早记载

很多人认为，史料中关于UFO的最早记载出现在《圣经》里。《圣经·旧约》中记载："我（以西）见狂风从北方刮来，空中有朵闪亮的云，周围有光辉，云中有四个人的形象。"

然而，很多目击者都不同意这一结论。在波亚那村附近，很多人都声称自己看见了UFO。有人说它像橄榄球，有人说它像器皿，有人则认为它像雪茄。

巴普岛上的人们看到的真是UFO吗？它们是同一架UFO呢，还是大规模飞行部队中的一部分？这些谜到现在都还没有解开。

◀ 有人说，巴普岛上出现的UFO像橄榄球

天降火球为何物

从天而降的火球是球形闪电、人造卫星，还是UFO？
是什么原因使UFO坠毁了呢？

　　1986年2月29日的晚上，据说在俄罗斯的达利涅戈尔斯克市郊，有两个班的中学生正在老师的带领下进行天文观测。突然，一个叫尤拉的学生惊叫起来："快看！天上飞过来个火球！"尤拉的叫声还没落下，大家就把目光投向天空，只见一个直径约3米的大火球从师生们的头顶一掠而过！大家惊异地发现，这个火球圆滚滚的，红得恰似一轮初升的红日。令人迷惑不解的是，火球先是平行于地面飞行，然后再缓慢上升，最后竟然一头撞到了悬崖上！而且，火球在撞上悬崖的一瞬间，只是发出了微弱而低沉的撞击声，而受到撞击的岩石却发出了强烈的光芒。

　　事发后，科学家们对这一事件提出了各种推测。有人认为，这是自然界中发生的一次极为罕见的球形闪电现象。还有人认

▼ 有人认为，火球是自然界中发生的闪电现象

▶ 火球看起来就像一轮初升的红日

为，它是一颗老化了的人造卫星。但是一些权威学者却倾向于这样一种观点：从天而降的火球很可能是外星人向地球发射的一架UFO，它在失控后就坠落到了地面。多年来，科学家们围绕着这个问题展开了激烈的争论，但仍然没有解开这个谜。

后来，专家们又来到事发地点重新进行调查。这次他们在现场发现了几种奇特的残留物——小铅粒、小铁珠和泡孔物。检测表明，仅仅是小铁珠这样的物质就不是普通工具能够制造出来的，它的硬度相当大，化学成分也很复杂，是由多种合金构成的。泡孔物是一种黑色的物质，像玻璃一样脆。奇怪的是，这种物质虽然能在真空中耐受住3000℃的高温，但是一旦空气中的温度达到900℃，它立刻就会燃烧起来。

科学家们推测，这个从天而降的火球可能是一架遇难的UFO，也可能是外星球的高级智能生物向地球释放的一个遥控探测装置。真相究竟如何，还需要科学家们继续探索。

探索发现
与
DISCOVERY & EXPLORATION

UFO "旧地重游"

据说1952年7月19日，美国华盛顿上空出现了一架UFO。50年后的2002年7月26日，UFO再度光临华盛顿。至于UFO为何会在50年后"旧地重游"，其中的奥秘没有人能够揭开。

UFO为何要攻击人类

是人类的不友善行为激怒了UFO，迫使它们进行攻击的吗？
UFO是不是在利用人类测试自己的攻击能力？

有很多专家认为，外星人对我们人类可能并无恶意，因为依照他们的科技水平，他们完全可以征服地球上的任何一个国家。然而，UFO攻击人类的事例还是不断从世界各地传来。

据说，1967年5月的一天，巴西的一个农民从林中打猎归来时，看到一个碟状飞行物降落到了他家的田地里，飞行物旁边还有3个巨大的人形生命体。这个农民立刻举枪射击，打中了其中一个人形生命体。这时，一道强光从碟状飞行物中射出，击中了这个农民的肩头。之后，3个类人生物立刻回到他们的飞行物中，迅速飞走了。那个农民回到家后便卧床不起，两个月后就死去了。医学检查表明，是一种强烈的辐射破坏了他体内的红血球。

此类攻击事件很常见。有专家推测，在人类与外星人的接触中，是人类的不友善行为导致UFO发出了攻击行为。但是，地外生命主动攻击人类的事例也照样存在。

据说，同样是在巴西，1981年

据说，在有些攻击事件中，UFO甚至"劫持"了地球人

的一天，两个青年相约去森林里打猎。他们分别爬上了一棵矮树。突然，一个像卡车轮子一样的飞行物向他们飞来，它的四周还散发着强光。其中的一个年轻人吓得从树上摔了下来。这时，一束光射在另一个年轻人身上，他尖叫了一

▲ 1981年，巴西连续发生了
UFO攻击人类的事件

声也摔了下来。没被光射中的那个青年吓得转身就跑。第二天，他带人来寻找他的伙伴，却发现他的伙伴已经死了。奇怪的是，死者身上并没有致命的伤痕，只是全身的血液都消失了。两天后，又有一个青年在打猎时由于被强光击中而死亡，尸体里也没有血液。据说，接下来又有一个人在山顶遭遇了UFO，他也是在受到同样的攻击后丧生。

这些案件发生后，警方对证人和目击者进行了测谎检查，结果表明他们都没有撒谎，UFO射出的光线确实杀死了人类。然而，UFO为什么要攻击那些手无寸铁的人？我们到现在还无法知晓。

▶ 有很多专家认为，外星人对我们人类可能并无恶意

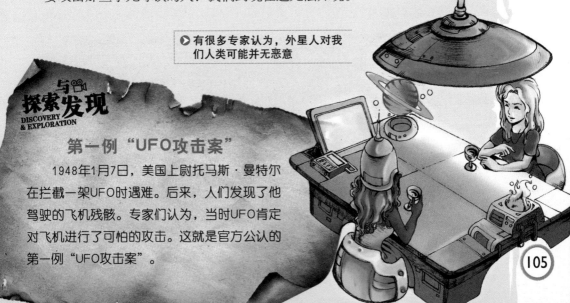

探索发现
DISCOVERY & EXPLORATION

第一例"UFO攻击案"

1948年1月7日，美国上尉托马斯·曼特尔在拦截一架UFO时遇难。后来，人们发现了他驾驶的飞机残骸。专家们认为，当时UFO肯定对飞机进行了可怕的攻击。这就是官方公认的第一例"UFO攻击案"。

大地震与UFO

关西大地震发生前有什么异常现象吗？
地球上发生大灾难时会看到UFO吗？

1995年1月17日，日本发生了震惊世界的关西大地震，5000多人因此失去了生命。正当人们沉浸在悲恸气氛中时，一则消息将地震的发生原因推向了未知的神秘领域——有人在地震时目击了飞碟！

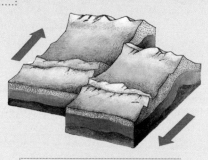

◆ 地震时的地壳活动比较频繁

2月18日，日本东京的一家报纸对一位女教师的目击经历进行了长篇报道。女教师中才住在神户市滩区，地震发生时，她在自己家三楼的阳台处发现了三架飞碟。中才称，地震波最剧烈时，她慌忙冲到二楼母亲的房间，在确认母亲安全后，她又回到了三楼。这时，她吃惊地发现，

◆ 地震后的混乱景象

106

周围的几户邻居家发生了火灾，同时传来了"咚、咚"的声音。突然，三架橘色倒三角形飞碟在空中出现，并不停地在上空盘旋。后来，中才的家也没能幸免，被大火吞没了。

有报道称，在地震发生前，关西好几处地方都发生了难以用现代科学解释的异常现象。据此，有人认为，女教师见到飞碟的事可信度很高。

无独有偶，似乎地球上每每有大灾难发生时，总会有关于UFO出现的消息。1990年，日本九州云仙火山爆发，曾有人在天空中看到了UFO；1978年，波斯湾危机时，科威特有一天也曾出现过大批的UFO；20世纪初，日本发生了关东大地震，事后有人称看到了帽子形飞碟……

UFO的出现与灾难的发生有什么关系呢？当灾难的发生伴随UFO的目击报告出现时，人们不禁猜测：这些拥有神秘力量的UFO，是不是灾难发生的元凶？然而，直到现在，关于UFO的出现与灾难之间是否有关系，仍是一个谜团。

▼ 据说，有时UFO出现会带来灾难

与 探索发现
DISCOVERY & EXPLORATION

制造地震的"元凶"

在对UFO出现的震区进行调查后，科学家发现UFO出现时，地下的水汽、油气等因高压作用而产生高温气体。高温气体蹿出地表后，会在空中以发光的形式释放能量，形成发光团。光团持续的时间较长，且可以移动，因此人们会将之误认为UFO。

深海中寻觅USO

USO是什么?
海底真的存在USO吗?

众所周知,全世界每年都有不少人声称自己见到了UFO,不过这些UFO大部分都是在陆地上被发现的。那么海里呢?大海中也会有UFO吗?答案是肯定的。不过,大海中的UFO有一个专门的名字——USO。USO是"不明潜水物体"的缩写,也被称为"幽灵潜艇"。

⚓ 人们相信,海底有"幽灵潜艇"

"幽灵潜艇"虽然不及UFO有名,但其被发现要比UFO早得多。1902年,一艘英国货船在非洲西海岸航行时,船上的水手第一次发现了USO。此后,关于USO的报道便频见报端。

据说在20世纪50年代末,阿根廷和美国沿海也出现了行踪诡异的USO。在阿根廷的奴埃保海峡,有人发现了一个巨大的雪茄形金属物。阿根廷海军立即出动,对这一神秘的庞然大物进行搜索。两个星期后,阿根廷海军终于探测到了这艘如"幽灵船"一样的不明潜水物,并用鱼

🔽 核潜艇

雷对其进行了攻击。但令人奇怪的是，攻击结果始终未明，军方只好封锁了海湾。而就在海湾被封锁后，这艘USO便销声匿迹了。

"幽灵潜艇"出没的消息不胫而走，人们纷纷猜测这神秘的水下物体究竟来自哪里。难道它的出现只是一种巧合吗？

无独有偶，1963年美国海军在波多黎各东南海域进行军事演习时，发现了一艘不明潜水物，它只有一只螺旋桨，却能以每小时280千米的速度在深达9千米的海底航行。美国军舰和潜艇始终无法追上它。这艘"幽灵潜艇"的性能实在令人咋舌，因为目前人类最先进的潜水器也只能下潜到水下6千米左右，在水中的时速也不会超过95千米。

⊙ 在大海中行驶的潜艇

自此，USO的踪迹不时出现在全球各地海域，引起了研究人员的关注。有人认为，USO是海底人的舰船。

由于潜水艇可以在海战中神出鬼没，在第二次世界大战后，许多国家竞相研制常规潜水艇和核潜艇。美国和苏联在这方面更是遥遥领先，但他们也知道，无论他们研制出的潜艇多么先进，都远远比不上"幽灵潜艇"。为了研究和借鉴

⊙ "幽灵潜艇"并不怕鱼雷的袭击

⊙ 普通潜艇的速度比不过"幽灵潜艇"

"幽灵潜艇"的先进之处，美国和苏联先后展开了一场对"幽灵潜艇"的追踪搜寻。

美国海军曾多次动用太平洋舰队中几乎全部的潜艇、战舰以及飞机，在南太平洋海域开展了四次大规模搜寻"幽灵潜艇"的行动。苏联海军也不甘落后，派出了大批舰艇和飞机，在太平洋和大西洋进行了仔细搜索。搜索行动前后历时1年，结果却犹如海底捞针，一无所获。并且，两个国家还为此付出了极大的代价，其中一个国家有2艘先进的潜艇失踪，另一个国家有3艘潜艇失踪。

到了20世纪60年代初，"幽灵潜艇"更是频频出没于太平洋与大西洋的广阔海域，跟踪美国、苏联和其他国家的军舰。一次，美国"企业号"核动力航空母舰在南太平洋发现被跟踪，它还未来得及做出反应，对方就已经消失在声呐和检测仪的定位之外了。"企业号"派出数架反潜直升机到处搜寻，并投下了多枚深水炸弹，但仍然一无所获。苏联的舰队也曾遭遇过类似情况。

美国和苏联曾一度怀疑"幽灵潜艇"为对方所造，但又不相信对方的技术能达到这么高的水平。

◆ 想象图：外星人的海上基地

探索发现
DISCOVERY & EXPLORATION

众说纷纭的海底人

有科学家认为，海底人是人类的一个分支。有研究外星文明的科学家认为，海底人是来自于外星的高智慧生物。但也有些学者认为海底人纯属无稽之谈。至今，海底人仍然是一个未解之谜。

有些人相信海底有海底人

最令人费解的事发生于1990年，当时北约的数十艘军舰正在北大西洋进行军事演习。突然，有人又发现了"幽灵潜艇"。北约的这些军舰立即中断了原定计划，全力以赴投入到猎捕"幽灵潜艇"的行动中。他们向"幽灵潜艇"发射了大量的鱼雷和深水炸弹，但奇怪的是，这些炸弹根本无法靠近"幽灵潜艇"。炸弹一接近目标，便会鬼使神差地拐向一边，然后冲向远处。而当"幽灵潜艇"毫发无损地浮出水面时，所有军舰上的雷达、声呐及其他通信系统全都奇怪地失灵了。直到它离开后，这些系统才恢复正常。

那么，"幽灵潜艇"究竟从何而来？又是谁制造的呢？有人根本不相信"幽灵潜艇"的存在，认为人们所见到的那些物体只不过是一些体形巨大的鱼类。也有人认为，那些"幽灵潜艇"来自外太空。有人甚至认为"幽灵潜艇"的驾驭者是某种智慧生物，而且这些智慧生物可能从古至今就一直生活在海底，它们同我们人类一样，是地球人的一支。持这种观点的人强调说，人类起源于海洋，当人类进化时，很可能一部分上了岸，另一部分则仍留在水中，并且创造了比陆地上的同类更先进的文明。虽然众多谜团仍未解开，但我们相信，随着科学的发展，人类一定会揭示出这些神秘的"幽灵潜艇"的真相。

试图寻找"幽灵潜艇"消息的潜水员

探秘飞机失踪事件

失踪的飞机和驾驶员去了何方？
是不是UFO"俘虏"了飞机和驾驶员？

1978年10月21日晚上6点，20岁的费雷德立克·布连地驾驶着一架协和飞机，从澳大利亚墨尔本附近的莫拉丙机场飞往金格岛。

据说飞机飞离机场后，布连地突然看见西南方出现了一个闪闪发光的、气球般的东西，但布连地并没有在意那个物体。晚上7点时，他向墨尔本的控制塔通报说："通过渥太威岬。"

然而，就在布连地飞越渥太威岬的一瞬间，他感到了一丝异常的气氛。晚上7点6分时，他向墨尔本控制塔发出询问："同一区域有无其他飞机？"控制塔回答："依飞行航程表上的记载，没有。"可是布连地却看见，在他驾驶的协和飞机的上方，有一个巨大的不明物体。

墨尔本控制塔要求布连地对这个物体加以确认，于是他报告说："这不是飞机！它看起来像个碟子，闪烁着蓝色的灯光。机体似乎是用金属做的，闪闪发亮。"说完这些之后，控制塔便与

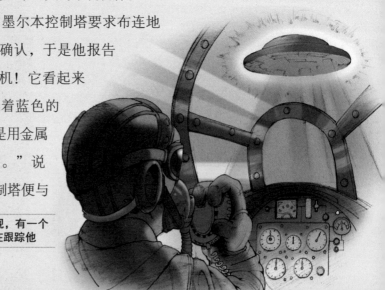

▶ 飞行员布连地发现，有一个巨大的不明物体在跟踪他

布连地失去了联系。7点12分时，控制塔突然又听到了布连地的声音，只听他惨叫一声："这家伙在我上面！墨尔本控制塔……"就在这个时候，通讯又中断了。17秒钟后，控制塔的工作人员听到了一阵阴森可怕的金属声，之后一切又重新归于寂静。

7点12分48秒时，布连地在金格岛的正前方不远处失踪了。接到这一消息后，澳洲军方马上出动，在空中及海上展开了搜索行动。可是，布连地和协和飞机的残骸都没有找到。

这件事在国内外引起了极大的震动。很多人都认为，此事肯定和UFO有关，并认为是它攻击了协和飞机，而又没有留下任何蛛丝马迹。而且，在事发的一个多月前，有很多人都看见了UFO。最令人吃惊的是，在事故发生当天，人们目击到的UFO的次数达到了峰值。难道布连地和飞机一起被UFO俘虏了吗？真相至今仍是一个谜。

◆ UFO似乎非常关注人类的飞行器

探索发现
DISCOVERY & EXPLORATION

遭遇UFO

据说，1957年7月17日，美国的一架"RB-47"型飞机遭遇了一个不明飞行物。它是一个淡蓝色的发光体，其飞快的行驶速度令飞行员惊诧不已。有的研究人员推测这个物体很有可能就是UFO。

寻找"蝎子"战斗机

"蝎子"战斗机是不是遇到了UFO？
是UFO摧毁了"蝎子"战斗机吗？

1953年11月23日，美国密歇根州金罗斯空军基地的雷达控制员发现，在美国苏·洛克斯上空的禁飞区，竟然出现了一个不明飞行物。美国空军立即派出一架F-89"蝎子"战斗机进行调查。飞行员菲利克斯·蒙克拉和雷达观测员罗伯特·威尔逊驾驶着战机向那个神秘的UFO追踪而去。

雷达显示，战机追踪着UFO来到了美加边境的苏必利尔湖上空，并渐渐逼近UFO。然而就在这时，奇怪的事情发生了：从雷达屏幕上看，战机追上UFO后，就突然和UFO一起消失了。

事后，美国军方派出大量飞机和搜救队伍进行寻找，但始终没有找到失踪的"蝎子"战斗机和两名机组人员的下落。调查人员唐纳德·凯霍尔说："美国和加拿大的救援队地毯式地搜索了160千米宽的水域，但没有找到'蝎子'战斗机的任何痕迹。"后来有

◀ 战斗机迎战UFO

◀ 人们在苏必利尔湖的底部发
现了战斗机的残骸

研究人员提出，"蝎子"战斗机可能已经被UFO绑架或摧毁了。

失踪的"蝎子"战斗机从此便成了一个谜。

然而在53年后，也就是2006年，密歇根州的北美五大湖潜水公司的潜水员和工程师们宣称他们已经在苏必利尔湖的底部发现了当年失踪的那架美军战斗机。据悉，潜水员使用先进的声呐扫描仪器，在"蝎子"战斗机最后失踪区域的湖底进行搜索，最终在大约150米深的水底发现了它的残骸。飞机的机鼻和右翼翼尖埋在泥沙里，但奇怪的是，它的左翼和一个水平尾翼却不见了。

加拿大的UFO专家戈德·希斯称，即使这架失踪50多年的美军飞机被找到了，也并不意味着它的坠毁和UFO没有关系。希斯还说，声呐图像显示，失踪飞机的驾驶舱仍然完好，他们将对这个飞机残骸进行打捞，希望能找到失踪飞行员的尸体，以解开飞机失事之谜。相信在不久之后，研究者们一定能够破解这个发生在50多年前的谜。

探索发现
DISCOVERY & EXPLORATION

"解密计划"

"解密计划"由美国的史蒂汶·格雷尔博士于1993年创立，它专门搜集全世界目击过UFO的军方和政府官员的第一手资料。据悉，该机构已经搜集到了大量可靠的音像资料和军事文件。

▶ "蝎子"战斗机失踪后，两
名机组人员也音讯全无

空中惊魂

是UFO在跟踪人类的飞机吗？
UFO是不是在"探测"人类的航空技术？

1965年2月5日夜里，美国国防部租用的一架班机飞越太平洋，向日本运送飞行员和士兵。大约在东京时间凌晨1点，机组人员突然发现空中有三个巨大的椭圆形物体，它们闪烁着红光，以令人吃惊的速度向下俯冲，向飞机直扑过来。飞机马上转弯回避，那三个飞行物也立即改变航线并突然减速，与飞机保持在同一高度。

据目击者回忆，这三个飞行物看上去大得惊人，其长度起码有700米。又过了几分钟，三个飞行物赶了上来，与飞机并肩飞行。这时，飞机里乱成一团，气氛紧张到极点。突然，机组人员看到它们又一下子升高，以2000千米/小时的速度离去，转眼间就消失得无影无踪。

人类飞机在空中遭遇UFO追击的案例还有很多，有时就连民航客机也成了它们追击的目标。1967年2月2日，一架秘鲁航空公司的"DC-

◀ 据说，神秘的蓝光出现在了飞机的前方

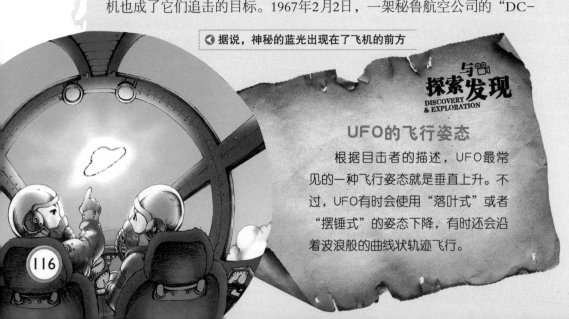

探索与发现
DISCOVERY & EXPLORATION

UFO的飞行姿态

根据目击者的描述，UFO最常见的一种飞行姿态就是垂直上升。不过，UFO有时会使用"落叶式"或者"摆锤式"的姿态下降，有时还会沿着波浪般的曲线状轨迹飞行。

K"号客机，载着52名乘客从以乌拉飞往利马，据说途中就被一架UFO追踪了差不多300千米。

事发当时，机长奥斯瓦尔·桑比蒂在飞机右侧发现了一个发光体，它是一个倒锥体模样的飞行物，其速度、方向、飞行高度都与飞机大体相同。令人惊奇的是，那个物体显示出极为高超的飞行技巧，它翻着跟头，做着奇怪的动作，一会儿垂直上升，一会儿飘然下降……突然，它朝飞机冲来了。机上的乘客吓得面无血色，有的甚至号啕大哭。可是，这个家

▲ 据说UFO有时还会追踪民航客机

伙略一抬头，便从飞机上方安然掠过。就在这时，飞机上的电子设备全部失灵，机长再也无法和机场取得联系。大约一个小时后，这架古怪的UFO才从他们的视野中消失。

从很多案例来看，虽然UFO"喜欢"跟踪人类的飞行器，但它们似乎并无恶意，也很少主动进行攻击。不过，谁也不知道UFO为何总是对人类的飞机"情有独钟"，这个问题到现在还是一个谜。

▷ 这个发光的物体就是UFO吗？
谁也不知道正确的答案

强光下战栗的**货机**

> 波音747日本货机遇到的UFO长什么样子？
> UFO是怎样对待波音747日本货机的？

1986年12月7日，一架波音747日本货机从巴黎飞往东京。黄昏时分，货机经过美国阿拉斯加上空。机长发现，在飞机左前方偏下约600米的地方，有两束灯光忽然射了过来，并以相同的速度与货机相伴飞行。起初，机长以为这只是另一架飞机，就谨慎地同它保持着安全距离。但7分钟后，那个飞行物猛地向飞机靠过来，在距离飞机150米左右的地方放射出刺眼的强光。顿时，货机舱内被照得通明。同时，一股热浪朝机组人员扑来。就在工作人员准备抵抗时，刚才还发出耀眼强光的不明飞行物，瞬间又回复到了先前的状况。仍沉浸在惊恐中的机组人员开始观察这个拥有特异功能的飞行物，只见它近似正方形，中间部分稍微暗一些，左右两端近三分之一处像是长了无数个喷嘴似的物件。这些物件不

◆ UFO在神秘的夜空中飞行

断地发射出像白炽灯般的亮光。机长认为这不是一架普通的飞机，并迅速与地面的控制塔台取得了联系。

那么，眼前的不明飞行物究竟从何而来？难道它是外星人的飞碟吗？想到这一点，机组人员更加坐立不安。如果这真是外星人的飞碟，它跟随货机的目的又是什么呢？如果此时UFO发动进攻的话，后果将不堪设想。可没过多久，UFO便消失在了前方400米处。

就在大家暗自庆幸时，刚才的UFO又突然出现在了货机的左前方。机长立刻向地面控制塔台报告了这一消息。地面指挥人员随即命令一架正朝着日航货机飞行的美国飞机协助侦察该空域的不明飞行物。但当这两架飞机飞行到同一水平线时，UFO再次失去了踪影。过了半个小时，它又一次出现了。在靠近费尔邦克斯市区上空时，机组人员终于看清了这个UFO。原来，它竟是一个比航空母舰大两倍的巨型球状飞行物，其直径足有大型货机的几十倍。机组人员再次被眼前的景象惊呆了。他们认为地球上绝对不可能有这样大的飞行物，猜测它可能来自其他星球。

令人欣喜的是，这个巨大的UFO并未对货机发起攻击。UFO追随日航货机近50分钟，之后便消失在了茫茫的夜空之中。

▷ 地面控制塔台

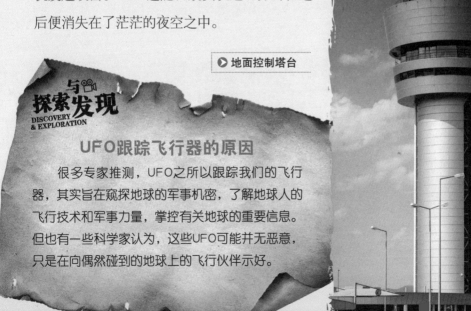

探索发现 DISCOVERY & EXPLORATION

UFO跟踪飞行器的原因

很多专家推测，UFO之所以跟踪我们的飞行器，其实旨在窥探地球的军事机密，了解地球人的飞行技术和军事力量，掌控有关地球的重要信息。但也有一些科学家认为，这些UFO可能并无恶意，只是在向偶然碰到的地球上的飞行伙伴示好。

诡异UFO造访华盛顿

《华盛顿每日快报》出现了什么新闻？
UFO与华盛顿的战斗机交战了吗？

1952年7月19日23点40分，华盛顿国际机场航管中心的值班员鲁乐正目不转睛地观察着雷达屏幕。突然，屏幕上出现了七个不寻常的闪光点。它们成群地散布在华盛顿机场西南方向20～31千米的高空中。屏幕上的光点颜色明亮、轮廓清晰，从大小及形状上可以判断出它们绝非雨云或鸟群，而是坚固的实体。更奇怪的是，那些光点从雷达屏幕边缘瞬间移到距离屏幕中心一半的位置，这种速度是任何飞机都达不到的。由此可以估算出，这七个光点的时速高达7200～12600千米。

鲁乐吓了一跳，他赶紧大声呼叫正在另一间办公室的值班主任。与此同时，机场控制塔台的雷达也捕捉到了这群不明飞行物的身影。

1952年7月25日，《华盛顿每日快报》用大标题报道了以下新闻：根据美国国防部有关人士透露，国防部曾命令防空战斗机击落不服从降落

▼ 华盛顿

命令的不明飞行物。这是美国政府针对六天前发生的事件所发表的声明。此举用意很明显，即警告外星人不要再采取类似的行

▶ 战斗机

动，否则将会被视为侵略行动。但就在公告宣布后的第二天，UFO再次飞临华盛顿上空，就像专门与美国空军作对似的。

7月27日2点左右，两架F-94战斗机奉命从德拉威空军基地起飞，以驱逐这群"不速之客"。可战斗机还没接近目标，UFO就霎时间全部消失了。失去目标的飞行员在夜空中盘旋了15分钟，之后只好返回基地。但战斗机刚离开雷达屏幕，UFO又出现了。战斗机很快返回。这一次，UFO没有立刻消失，而是将战斗机围成了一个圈。10秒后，包围圈渐渐扩大，并最终消失了。这一景象令飞行员们瞠目结舌。

这些UFO表现出了智能飞行特征，它们先是与战斗机"捉迷藏"，后来又主动撤离。虽然官方宣称是大气气温的逆转层造成了这一现象，但民众并不相信这种解释。很显然，美国官方的解释根本无法满足人们对于UFO的好奇心。

▶ 官方认为UFO的异常行为与大气有关

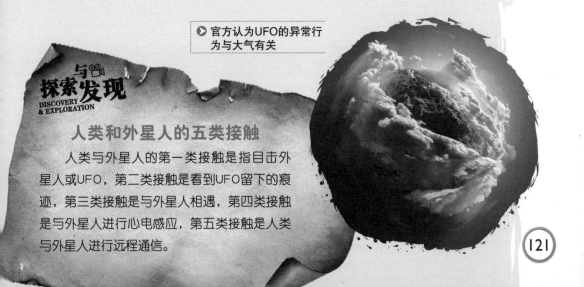

探索发现
DISCOVERY & EXPLORATION

人类和外星人的五类接触

人类与外星人的第一类接触是指目击外星人或UFO，第二类接触是看到UFO留下的痕迹，第三类接触是与外星人相遇，第四类接触是与外星人进行心电感应，第五类接触是人类与外星人进行远程通信。

少年探索发现系列
EXPLORATION READING FOR STUDENTS

新西兰天空突现UFO群

保华发现的UFO有什么特点？
UFO群为什么出现在新西兰上空？

1978年12月22日，位于南半球的新西兰上空突然出现了不明飞行物。当时，飞机师保华正驾驶着侦察机在新西兰南岛东岸的曲克海峡上空进行常规飞行。突然，他看见一架UFO以极快的速度向他飞来。就在保华以为一场事故在所难免时，UFO突然改变航向，与侦察机擦身而过。当时，飞机的飞行高度为1370米。

▲人类曾与UFO近距离接触

据保华观察，这架UFO似乎是一团白色的强光，看起来十分耀眼，但实际上它并没有发光。

与此同时，其他飞行师也发现了这一现象，他们迅速与地面塔台取

▼UFO曾来过美丽的新西兰

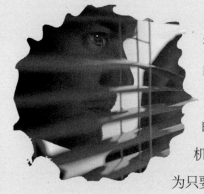

得了联系。地面塔台的控制人员称也在雷达的探测网上发现了UFO的踪影。原来，早在UFO出现在飞机雷达的屏幕上之前，地面的控制人员就有所察觉。他们称之为"鬼飞机"，并怀疑它是海峡上偷运毒品的渔船，因为只要船上有海洛因，雷达上便会显现出影像。

与以往不同的是，此次UFO竟然连续出现。威灵顿机场控制塔主任彼得·贝纳其宣布拍到了该物体的照片。新西兰空军也立即派出了"空中之鹰"机队飞赴曲克海峡上空，保持戒备状态。次日清晨，他们中的一架飞机又发现了一个拖着长尾巴的UFO。接着，雷达网上出现了数个UFO影像。由于速度太快，观测人员无法确定有多少架UFO，但其中的一架竟发出了一般飞机的讯号，并在雷达网上停留了许久才消失。

UFO群的出现，迅速引起大批新闻记者的注意。他们赶赴机场，并拍摄到了UFO。一位电台记者称自己看到了UFO，说那是一架飞碟，上面有个圆拱，下面是碟形的。当时，该记者所在的电视台摄影队的飞机正在4000米处的高空飞行，时速是210千米。他们完成任务打算返回时，突然收到了地面控制塔台的通知，被告知身后500米处有一架UFO尾随。他们回头看时，吃惊地发现身后果然有一团白光，他们当即调好相机焦距，将UFO拍了下来。图片冲印好后，一个白色的圆形物便显现在照片上，中央还有两个小黑点。

▶ 人们始终不知道UFO为何要来到地球上

由于澳大利亚与新西兰只有一海之隔，澳大利亚的许多居民也看到了UFO群。澳大利亚的许多报纸、杂志都在头版头条对此事进行了报道。美国的一些专家听闻消息后直接飞抵澳大利亚，以搜集资料和照片，其中的许多照片及目击报告都成为研究UFO的有利素材。

▲ 神秘的UFO群

UFO为什么会成群结队地出现在新西兰上空呢？要知道，不明飞行物的行踪向来非常隐秘，它们经常出现在无人的深夜，因此没有多少人看到过飞碟。但这一次出现在新西兰上空的UFO，在数量、时间上都不同寻常。有人认为，这次UFO的出现旨在对人类构成威胁，人们所看到的只是外星人派往地球的先锋部队而已。但究竟真相如何，我们还需要等待科学合理的解释。

探索发现
DISCOVERY & EXPLORATION

隐匿沙海的UFO基地

许多飞碟研究者认为，如果外星人在地球上有飞碟基地的话，那么戈壁沙漠绝对是理想基地。因为沙漠地区地域辽阔，环境恶劣，荒无人烟，而这正为UFO提供了良好的基地环境。

▼ 沙漠也是UFO常出现的地方

[第四章]

探索发现的脚步

UFO来自何处？它们是来自遥远的外太空吗？它们在地球上，甚至在我们身边建立了外星基地吗？我们如何才能探秘外星文明？……长久以来，人类对于外太空智慧生物的探寻从未停止过。而随着科技的发展，越来越多的星体被发现，一幅充满生机的宇宙图画正展现在我们人类面前。我们相信，在茫茫宇宙中，总有某些星球像地球一样孕育着生命。现在，就让我们一起走进这一章，上天入地，去找寻外星生命的迹象吧！

云端的神秘发光体

出现在乌鲁木齐的"飞碟"是什么样子的？
飞碟云是怎么形成的？

△ 卫星云图

2007年5月29日傍晚，新疆维吾尔自治区乌鲁木齐市内人如潮涌。原来，人们是为了亲眼看看出现在西方天空的"飞碟"。只见这架"飞碟"呈暗灰色，稳稳地悬停在一栋高楼的上空，在阳光的映照下忽明忽暗，显得格外恐怖。"飞碟入侵地球了！"在场的人们惊慌地猜测着。

"飞碟"造访乌鲁木齐的消息很快传开，并引起了相关方面的注意。但没多久，就有气象学家指出，29日傍晚出现的所谓"飞碟"绝对不是外星人的UFO。这究竟是怎么回事呢？原来，当天人们所看到的"飞碟"实际上是一种高积云，俗称"飞碟云"。这种云大都呈椭圆形，也有呈瓦块状和鳞片状的。椭圆形的高积云轮廓分明，边缘薄，中

▽ 像飞碟的云

间厚，表面光滑，从远处看就像一架巨大的飞碟悬停在空中。

气象学家指出，飞碟云的形成与大气温度有关。通常情况下，在低层大气中，随着高度的增加，温度会逐渐降低。但有时，在某些层次的大气中会出现相反的状况，即随着高度的增加，温度也逐渐增高，从而形成逆温层。飞碟云就是在高空逆温层下面，冷空气处于饱和条件下形成的。除此之外，空气流经山丘时被抬升至大气上部，气流在山丘后方以波浪状推进也能够形成飞碟云。也就是说，许多在云中闪烁的"飞碟"，不过是水汽与温度合力制造的特殊天象而已。

另据英国《每日邮报》2010年6月23日报道，居住在英国佩思郡克里夫市的威尔顿夫妇曾看到一架庞大的"飞碟"悬停在空中，并拍摄到了清晰的"飞碟"照片。但很快就有专家分析说，这一"飞碟"只是荚状高积云而已。

事实上，绝大部分UFO事件都是由于目击者对奇特的自然现象缺乏科学认知而造成的误解。例如曾有人在希腊的米克诺斯岛见过一个蘑菇状的"飞碟"，说它看起来就像20世纪中期南太平洋核武器爆炸试验的情景，但有专家研究后发现，这实际上是砧状积雨云在大气作用下的特殊外形。因此，用科学的理论武装头脑非常重要，它能有效排除民众因盲目听信传言而造成的恐慌情绪。

探索与发现
DISCOVERY & EXPLORATION

看云识天气

天上的云变化多端，这是我们非常熟悉的一种自然现象。事实上，云与天气有着千丝万缕的联系。通常情况下，如果天空中出现的是薄云，那天会是晴朗的天气；如果天空中出现的是低而厚密的云层，那天会是恶劣的天气。

神秘卫星与UFO

"黑色骑士"为什么会逆向旋转？
围绕地球运转的神秘卫星是从哪里来的？

1961年，在巴黎天文台观测站工作的法国学者雅克·瓦莱发现了一颗运行方向与其他地球卫星相反的卫星。他给这个来历不明的家伙命名为"黑色骑士"。紧接着，其他天文学家也按照瓦莱提供的精确数据，找到了这颗环绕地球逆向旋转的独特卫星。

法国著名学者亚历山大·洛吉尔认为，"黑色骑士"可能与UFO有关，否则它不可能逆向旋转。这说明它具有能够改变重力的巨大力量，而这一切也许只有UFO才能做到。

美国也发生了类似的事件。1983年1月至11月间，美国发射的一颗红外天文卫星在执行任务时，在猎户座方向连续两次发现了一颗神秘莫测的卫星。两次观测前后相差6个月，这表明它在空中有相当稳定的轨道。苏联的跟踪研究显示，这颗卫星异常大，具有钻石般美丽的外形，而且外围有强磁场保护，内部还装有十分先进

▼ 想象画：人类登陆外太空

128

⚠ 出现在地球轨道上的神秘卫星体积异常巨大

的探测仪器。它似乎有能力扫描和分析地球上的每一样东西。同时，它还装有强大的发报设备，可将搜集到的资料传送到遥远的外太空去！

1989年，在瑞士日内瓦召开的一次记者招待会上，苏联的宇航专家莫斯·耶诺华博士向媒体公开了此事。他说："这颗卫星是1989年底出现在地球轨道上的。我们认为它肯定不是来自地球。"据说此事被披露后，世界上有200多位科学家表示愿意协助美苏两国研究这颗可能是来自外太空的人造天体。法国天文学家佐治·米拉博士说："显而易见，这颗卫星是经过'长途跋涉'才来到地球的，它的主人就是外星人。虽然我这只是初步估算，但我敢说它的寿命至少有5万年之久！"

神秘的宇宙给我们制造了太多的谜团，直到今天，科学家们依然不知道这些神秘的卫星究竟从何处来，以及是谁制造了它们。希望这些谜团不久之后能被破解。

与 探索发现
DISCOVERY & EXPLORATION
神奇的土卫六

有些天文学家称他们曾多次发现有不明飞行物以极快的速度飞往土卫六。他们推测，土卫六上可能有很多可供太空飞行的燃料，而这就为外星人飞往地球提供了便利。

地球上的火星村落

温斯罗夫是在哪里发现的火星人？
"天空之神"与什么有关呢？

1987年4月，瑞典科学家希莱·温斯罗夫等人来到位于扎伊尔东部的原始森林进行考察。在那里，他们竟意外地发现了一个自称是火星人居住的村落。

温斯罗夫说，刚开始那个村落里的火星人并不愿意多理睬考察队员们，经过多次接触后，火星人才同意接受访问，并带领考察队员们参观了他们当年穿越宇宙来到地球时乘坐的飞船，尽管它只剩下了一些残骸。考察队员们发现，这是一个半圆形的银色飞碟，它的表面已经锈迹斑斑了。

◭ 神秘的火星

温斯罗夫介绍说，村落中的火星人有着黑色的皮肤与白色的眼睛，但没有瞳孔。他们相互之间用非洲土语交流，而在和考察队员们交谈时，则使用地道的英语和瑞典语。温斯罗夫了解到，这些火星人离开火星时，火星上正在流行瘟疫，而这也是他们背井离乡的原因。190多年前，他们乘坐飞船来到地球避难。当时只有25人来到地球，现在人口已经繁衍到50多人。

在访问的过程中，考察人员发现这些火

▾ 火星表面

◆ 载人宇宙飞船

星人特别喜欢圆形图案，他们的房屋、室内陈设、日常使用的工具以及佩戴的饰品等几乎都是圆形的。虽然已经在地球上居住了那么久，但他们仍然珍藏着太阳系和火星的详细地图。考察队员说，这些火星人还掌握着有关火星的宇航知识，但令他们感到遗憾的是，虽然他们十分想念火星，但他们没有办法回到那里了。

在结束访问时，火星人对考察队员说，希望地球上的人不要再干扰他们的生活，因为他们喜欢过平静的生活。

事后，很多人认为温斯罗夫所访问的并非火星人村落，那些人只是隐居深山的地球人而已。但如果是这样，他们为什么会对宇宙知识了如指掌呢？另外，飞碟残骸是真实存在的，难道它只是地球人想象出来的吗？众多研究人员以及学者们始终没有找到问题的答案。

事实上，地球上别的地方也有这样的村落，比如有人在巴西也发现了这样的火星人部落，它就坐落于亚马孙河流域巴西境内的原始森林里。1988年9月，德国人类学家威廉·谢尔盖曾对那个神秘的村落进行了考察和访问。他走到那个部落的祭坛前时，立即被眼前的场景惊呆了，因为被部落崇拜、祭祀的"天空之神"竟然跟火星上的人面石一模一样。谢尔盖立刻对"天空之神"产生了浓厚的兴趣。

为了详细了解"天空之神"的由来，谢

◀ 人类想象的火星人

尔盖询问了部落长老。但部落长老并没有做出详细解释，只是不断重复着"红色行星"这四个字。谢尔盖后来忽然明白"红色行星"指的是火星，于是愈发兴奋地追问起来。这时，围上来的村民们告诉他"天空之神"是天外使者带来的。

在我们生活的地球上，还有火星人吗？

那么，天外使者是谁呢？他与"红色行星"——火星有着怎样的联系呢？难道居住在这个神秘部落的居民都是火星人的后代吗？这着实令人困惑。

对于这个原始森林中的神秘部落，巴西政府始终保持沉默，但巴西政府的一位高级官员曾以私人身份说亚马孙河流域确实有神秘部落和UFO接触过。

地球上神秘的火星村落似乎在向人们揭示一个事实——地球上居住着火星人！这是真的吗？但长久以来的科学考察告诉人们，火星上并没有发现生命迹象。火星上存在生命吗？目前，这一问题仍无法得到确切答案。

探索发现 与
DISCOVERY & EXPLORATION

火星上的人面石

现代探测表明，在火星的一条山脉上，有一块长约2千米的人脸状巨石。科学家对其周围环境做了研究后认为，这块巨石不是天然的，而是出于"智力设计"。因此，人们怀疑人面石可能与火星上已消亡的文明有关。

据说，巴西原始森林中存在着火星部落

外星人的"洗脑术"

被不明飞行物劫持过的人会清楚地记得自己的经历吗？
面对被外星人洗脑的人，找回记忆的可靠的方法是什么？

美国不明飞行物共同组织中的类人生命体研究组有一份报告记载了166起世界各地著名的劫持事件。

这些事件都与UFO有直接关系。该研究组的一位负责人是物理学家戴维·韦布，他在谈到这类劫持事件的特点时说："UFO乘员往往会对被劫持的人进行医学检查，之后又使被检查的人患上健忘症，并使被劫持者全身瘫痪。"

从地理角度来看，拥有可靠证据的劫持事件很多都发生在美国，其次是巴西和阿根廷。这些事件大多发生于1947年之后，并且从1965年起不断增多。

但是，这类已知的事件仅仅是劫持事件中的一小部分。那么，为什么许多劫持事件没有被披露出来呢？这是因为大多数被劫持的人事后都

❤ 美国所遭遇的不明飞行物劫持事件比较多

被劫持过的人正在竭力回忆往事

回忆不起自己的那段不平常遭遇了。当他们能够神志清醒地回忆起自己曾看到过一个UFO时，他们头脑中的"劫持情节"总是离奇地处于一种下意识的状态，即他们总是依稀觉得劫持的情节好像故意从他们头脑中消失掉似的。他们所能记起和意识到的，只是无法解释的时间上的"漏洞"，即有几分钟或几天时间，他们完全不知道自己待在了什么地方。

随着时间的推移，一些被劫持者在某些时刻能够回想起自己遭遇的某些片段。当他们意识到自己的确与非地球人"接触"过并因此在精神上受到创伤时，他们中的多数人都会马上去找心理学家或不明飞行物学家，而少数人则因为害怕，对自己的奇特经历守口如瓶。

科学家们认为，这些人之所以健忘，是因为被洗了脑，因此可以采用催眠术来使他们回忆起以前发生的事情。美国学者哈德博士和斯普林科尔博士认为，使用催眠术是最有效的方法，也是目前唤起被抑制的记忆和证明目击者报告真实性最为可靠的方法。哈德博士在谈到使用催眠术可能会遇到的困难时说："首先，许多曾见过UFO乘员的人会忘记自

被不明飞行物劫持的人

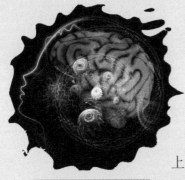

催眠可刺激大脑，
或许可唤醒记忆

己的那段经历。有时，甚至会有不真实的回忆取代真实的回忆。例如，一位接受催眠术的人说：有人曾让我看动力装置，并对我说这个装置是靠锂晶体来转动的。当时，我马上想到这种解释与电视剧中的情节相同。我们没有理由认为锂晶体会在不明飞行物发动系统中起作用……但是，如果几位接受催眠术的目击者回忆起来的情节都是这样的话，我们就应当认真对待他们所说的情况了。"很多被劫持的人经过催眠治疗，都回忆起他们当初接受外星人医学检查的经历。

类人生命体的这些怪异的行动，不禁让人想起地球上为监视濒危动植物制订的"预防"计划。我们是否可以认为，宇宙中的智能生命把地球人看成银河系中受到威胁的物种呢？然而，另有一些研究人员认为，外星人劫持地球人类的背后可能隐藏着险恶的阴谋。

至于外星人为何要劫持地球人，虽然人类一直在研究，但至今没人能说出准确的答案。

探索与发现
DISCOVERY & EXPLORATION

朱迪的催眠经历

1980年3月13日，一位名叫朱迪的UFO目击者接受了华盛顿大学雷欧博士的催眠治疗。治疗中，她回忆起自己被带进UFO的经过。UFO中的外星人还对她说，他们这样做的目的是改良人类。对朱迪的催眠一直持续了4小时。

▶ 除了人，动物也有可能被不明飞行物劫持

踏足 外星人之家

狄詹路博士发现的地下城有多久的历史？
狄詹路博士在地下城中发现的东西有什么特别之处？

▲ 神秘洞穴

1988年，巴西的一个考古队走进了一个神秘的"外星人之家"——外星人居住过的地下城。

这一年，巴西著名的考古学家乔治·狄詹路博士带领20名学生到圣保罗市附近的山区去寻找印第安人的古物时，意外地发现了这个神秘空间。各种迹象显示，这个地方已经存在了8千年之久。

当时，一名考古队的学生无意中跌进一个不到10米深的洞穴之中。狄詹路赶紧带领其他同学去救他。考古队员们来到洞中时，惊讶地发现这个又黑又湿的洞穴不仅宽大，而且深不可测。队员们借着手电的照明，找到了一个巨大的密室，里面放满了陶瓷器皿、珠宝首饰。此外，他们还发现了一些只有1米多高的小人状骷髅。

狄詹路博士说："我最初还以为找到了一个古老的印第安部落遗迹呢，在仔细观察了这些骷髅后我才知道不是。"

骷髅的头颅很大，双眼间的距离比一般人近得多，他们每只手上只有两根手指，脚上也只有三根脚趾。

▶ 世界上有无数的神秘洞穴等着人们前去探秘

狄詹路博士等人深入洞内，发现了一批原子粒似的仪器和通信工具。他们鉴别了洞内的物件，发现它们已经有超过6000年的历史了。

这一发现让考古队员们吃惊不已。这里究竟居住着什么人呢？在6千年前，他们是如何掌握了如此先进的制造技术？很显然，这是一个曾在美洲生活过的极其先进的外星民族，他们的那些骸骨与人类骨骼有着明显的差别，其智慧也远远超出了人类。

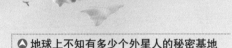

△ 地球上不知有多少个外星人的秘密基地

此外，从发现的通信器材上来看，他们必定来自另一个星系，当初为了某些原因才来到了遥远的地球，并在这里定居下来。

这次发现的外星人地下城古迹令世人震撼，如果能将其研究透彻，也许将有助于人类了解整个宇宙。

◁ 外星人的颅骨

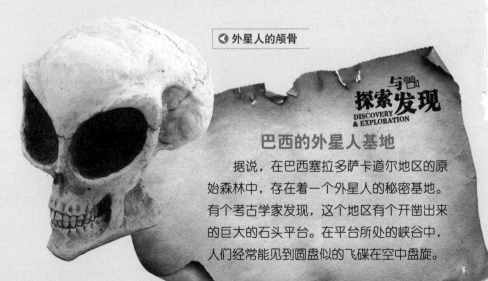

探索发现
DISCOVERY & EXPLORATION

巴西的外星人基地

据说，在巴西塞拉多萨卡道尔地区的原始森林中，存在着一个外星人的秘密基地。有个考古学家发现，这个地区有个开凿出来的巨大的石头平台。在平台所处的峡谷中，人们经常能见到圆盘似的飞碟在空中盘旋。

少年探索发现系列
EXPLORATION READING FOR STUDENTS

人类何时"面见"外星人

> "旅行者"1号为什么要携带着磁盘？
> "旅行者"1号携带的磁盘里都有什么内容？

1999年，太空探测领域传来佳音：已经在太空航行了22年的美国"旅行者"1号太空探测器抵达太阳系边缘，即将进入之前从未探测过的星际空间。美国国家航空航天局的科学家在宣布上述消息时，还带来了一个更令人感兴趣的信息："旅行者"1号上携带了一个类似留声机唱片的铜质磁碟，里面有用55种人类语言录制的问候语和各类音乐，旨在向外星人表达问候。

⬆ 早期留声机

这个磁盘有12英寸厚，表面上镀了一层金。它其实就是一个留声机唱片，并配备有一个内藏的留声机针。这个磁盘是在1977年"旅行者"1号发射前被装上去的，其用意是让外星生命在发现这个探测器时，能够收到来自地球人的问候。

磁盘中除了有象形文字，还有用55种人类语言录制的问候语和各类音乐，其中包括古代美索不达米亚使用的阿卡德语等非常冷僻的语言。

如果将用英语表述的问候语翻译成汉语，那就是："行星地球的孩子（向你们）问好。"联合国第四任秘书

⬆ "旅行者"1号

138

莫扎特的音乐被录进了磁盘中

长瓦尔德海姆的声音也被录在了磁盘上面。

此外，磁盘上面还有美国前总统卡特的一份书面问候，内容是："这是一份来自一个遥远的星球的礼物。上面记载着我们的声音、我们的科学、我们的影像、我们的音乐及我们的思想和感情。我们正努力生活在我们的星球上，我们渴望了解你们。"

磁盘上还有一个90分钟的声乐集锦，主要包括雷声、海浪撞击声、鸟鸣等自然界的各种声音以及各类音乐，其中有莫扎特的《魔笛》和日本的尺八曲等。另外，磁盘上还有100多幅影像，其中包括太阳系各行星的图片。

当时，"旅行者"1号已经抵达太阳系边缘，即将进入星际空间，开始人类的首次此类探索。科学家说，一旦进入星际空间，"旅行者"1号需要花费4万年的时间才能抵达下一个行星系。因此，正如已故美国天文学家、科普作家卡尔·爱德华·萨根所说，只有星际空间中存在有能力进行太空旅行的高级生命，探测器上的唱片才有可能被播放。即便如此，卡尔还是高度评价了这一举动。

1977年，美国国家航空航天局同时发射了"旅行者"1号和2号探测器，对太阳系外层行星首次进行探测。

海浪声也被录进了磁盘中

1980年，"旅行者"1号在完成土星观测后开始向外层空间挺进。虽然它的设计使命仅为5年，但它已经航行了26年，目前的状态仍然不错。航空航天局曾表示，"旅行者"1号还有足够的能量可供使用，并且认为它能工作到2020年。

英国的一位天文学家宣称人类将在20年内接触到外星智能生物。

最近我们在太阳系外发现了类似地球的行星，这使得人类朝与外星人取得联系的目标又迈出了一大步。

美国的天体物理学家弗兰克·德拉克也表示："我们确实相信在未来的20年内，我们可以大量了解地球以外的生命情况。我们很有可能会在银河系的某处发现生命，甚至是智能生命。"

为了早日与外星智能生命取得联系，人类做出了各种努力，例如发射太空望远镜等。相信经过努力，人类将结识新朋友，不再是宇宙中孤独的智能生命。

探索发现
DISCOVERY & EXPLORATION

"宇宙邀请卡"

1999年4月，一个国际科学小组朝四颗距地球50～70光年的类太阳恒星方向发射了一系列射电信号。这些信号被命名为"宇宙邀请卡"，主要被用来向地外文明介绍地球、太阳系、人类、文化等信息。

◎ 茫茫宇宙中，人们希望能够得到外星人的回应

外星人的"加油站"

查理·霍库兰德有什么发现？
月球是外星人造出来的"太空船"吗？

　　月球离我们并不遥远，一直以来，月球都像谜一样吸引着无数科学家及科研爱好者的眼球。

　　1994年7月，前美国国家航空航天局的顾问查理·霍库兰德在报告中指出，他用了一年半的时间分析月面照片，最后得出了令人意想不到的结果：月球上存在着人造都市、建筑物、道路与地下街等，并且月面都

△ 月球

市中的建筑物排列整齐，大多呈圆形，也有立体交叉的道路。据此，查理·霍库兰德认为，月面都市的建筑材料非常特殊，生产技术也相当高级，地球上即便今天也无法达到那个程度。

　　事实上，月球表面的许多建筑早已被发现。

　　1960年之前，天文学家就在月球各处观察到了为数甚多的白色圆形建筑物。而美国在进行"阿波罗计划"时，宇航员也曾见过这些建筑物。"阿波罗16号"上的宇航员曾对地面控制塔台说，他们看到山顶上有美丽壮观的圆顶房屋，房屋与房屋之间有道路与隧道相连接，山坡地带好像有生物在耕作。

　　1972年，"阿波罗17号"的宇航员也曾对地面控制塔台描述道："我看到许多'轨迹'，而且它们连接着各处喷火口。"轨迹是否代表着人造物体所通过的痕迹呢？

　　对于月球表面这些神秘的现象，我们凭借现在的科学知识恐怕无法解释清楚。有人认为，最完美的解释是：月球是拥有高科技的外星人的基地，其内部是中空的。

　　这一说法看似属于天方夜谭，实际上是有科学根据的，苏联科学院的科学家在19世纪80年代就曾提出过这样的理论，而美国的飞碟研究学会也颇认可这一理论。照这样说，月球不但是外星人的基地，还是外太空重要的实验站，对人类的未来影响甚大。

　　相信这一理论的科学家们甚至认为，月球其实是外星人在宇宙空间所制造出的太空船，其制造时间可能在太阳系诞生之前。"月球太空船"的表面被金属矿物覆盖，中间部分是空的。"月球太空船"在被运到太阳系的途中不断受到陨石的撞击，而外星人则将岩石填入其被撞出的洞中以弥补撞痕。月球内部有类似于地球上的气体和水分。这些气体和水分偶尔会渗透到月球表面，并会形成水蒸气云层。

▲ 月球的历史

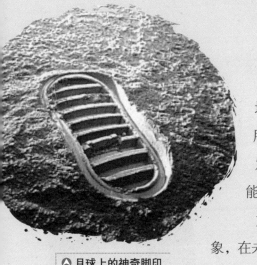

△ 月球上的神奇脚印

由于外星人在月球上建立了城市、地下通道与道路，并进行各项实验，所以像异常的月震、月球表面的神秘发光体、宇航员见到的都市等现象就能得到解释了。

如果真是这样，那么我们就不难想象，在未来漫长的岁月中，将有众多外星人来到月球，要么在这里做短暂停留或长期居住，以便进行各项实验，要么以月球为基地造访其他星球。也就是说，月球是外星人名副其实的"加油站"，是他们研究、掌控宇宙的重要场所。

然而，这也仅是人们的猜想而已，人类至今还没有找到可靠的证据来证实这一点。

▽ 人类登上月球进行探索

探索与发现
DISCOVERY & EXPLORATION

月球上的环境

月球的南北两极有固态冰，基本上没有大气，仅有少量氦气、氖气和氩气。月球表面的大气压力为1.3×10^{-10}帕，表面温度中午和晚上相差悬殊，赤道处中午127℃，晚上最低达-183℃。月面凹凸不平，有月海、环形山等。

通往火星深处的隧道

科学家对奇特的火星黑洞有什么猜想?
火星洞确实存在吗?

据国外媒体报道,科学家对美国宇航局的火星探测器拍摄的一张图片进行分析时,在火星表面意外地发现了一个深洞。洞内漆黑一片,深不见底。科学家们认为,这很有可能是通向火星地下洞穴的入口,而且有可能是人工建造的。

经过分析,科学家们发现这个奇特的黑洞有100米宽,位于火星东北部的火山斜坡上,而该火山是这颗红色星球上的四大火山之一。

⬆ 火星表面

这张照片是用火星探测器的高分辨率照相机拍摄的,它真实反映了火星表面的情况。科学家们在这个深洞的入口附近并没有发现向外涌动的痕迹或喷发出来的物质,所以排除了这是一个冲击坑的可能性。

这个黑洞里面没有洞壁,也没有其他任何东西。因此,科学家猜测这个洞可能是完全垂直的,并认为它有可能是个悬崖。分析过图像

◀ 登陆火星的探测器

的专家称，这个洞一定非常深，虽然火星上的光线很强，但自然光还是很难进入里面，因此无法探测其底部。

事实上，这样的深洞在火星表面还有很多。美国宇航局的"奥德赛"探测器和热辐射成像系统就曾在火星上发现了七个类似的洞。

"火星洞的发现将重新唤起人们对于火星生命的联想。"负责"菲尼克斯号"火星探测任务的首席调查员皮特说，"越向火星内部深入，温度也将越高，直到在某一点，温度恰好合适，那里将存在液态水和生命。"此外，皮特还推测火星洞截留了一部分之前流过火星表面的液态水，若是那样，生命存在的可能性会增大。

"火星洞是一个令人激动的发现。"皮特说，"我们不能肯定地说洞里面有什么，但火星洞确实存在。"

那么，这个深不见底的黑洞真的通向火星内部吗？这个漆黑一片的深洞是否真的连接着一个充满生机的世界呢？或许，真的像有些科学家所说，黑洞的存在能够使生物躲避炽热的太阳光照，从而安全地生活在环境安逸的星球内部。也许有一天，当人类真正走上火星，能够完全解读这颗神秘的星球时，人类会穿越深邃的黑洞，与生存在火星内部的生命面对面地进行交谈。

探索发现
DISCOVERY & EXPLORATION

震惊世界的火星标语

1990年3月27日，一艘由苏联发到火星的无人太空船在火星荒凉的表面上拍到了一个奇怪的警告标语，接着太空船便同地面的控制塔台失去了联系，神秘失踪了。据说，那个标语是用英文写的"离开"两字。

▶ 人们猜想有隧道能够通向火星深处

145

金星上的<u>城市废墟</u>

金星上的金字塔说明了什么？
金星上曾有生物存在吗？

20世纪80年代，美国发射的探测器向地球发回了金星表面的图片。当人们带着好奇心去观察照片时，发现照片中的金星表面竟然存在着大量的城市废墟。这一消息令人们不禁将视线投向这颗夜空中极其明亮的"启明星"。

△ 金星

科学家们经过统计发现，金星上的城墟竟多达2万座。这些城墟呈三角锥形金字塔状。每座城市实际上是一座巨型金字塔，门窗皆无，可能在地下设有出入口；这2万座巨型金字塔摆成一个很大的马车轮形状，其圆心处为大城市，呈辐射状的大道连着周围的小城市。

研究者认为，这些金字塔式的城市可以有效地使居住者避免掉白天的高温、夜晚的严寒以及狂风暴雨。

苏联科学家尼古拉·里宾契诃夫在比利时布鲁塞尔的一个科学研讨会上首次披露了在金星上发现城市废墟的消息。1989年1月，苏联发射了一枚金星探测器。该探测器带有能穿透浓密大

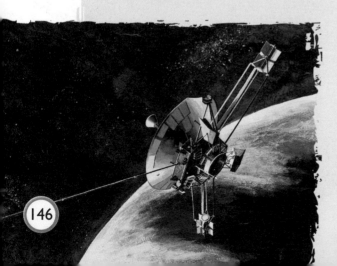
◁ "金星号"探测器

气的雷达扫描装备，正是这一装备发现了金星有2万座城墟这一重大秘密。

刚开始的时候，人们还不敢断定这就是城墟，认为要么是探测器出了问题，要么是大气层因受到干扰而出现了海市蜃楼的幻象。但经过深入研究，人们确信这些是城市的遗迹，并推测是智能生物留下来的。不过，这些智能生物可能早已绝迹了。

里宾契诃夫博士在会上指出，人们渴望弄清分布在金星表面的城市是谁造的，因为这些城市是伟大的文化遗迹。这位苏联科学家详细地介绍说："在那些以马车轮的形状建成的城市的中间轮轴部分就是大都会。我们推测那里有一个呈辐射状的公路网，它将周围的一切城市连接了起来。"他还表示，那些城市建筑大都已倒下，这说明那些城墟的历史已经很悠久了。现在金星上不存在任何生物，那里的生物已绝迹很久了。

由于金星表面的环境极为恶劣，人类无法指派宇航员到那里去进行实地调查，只能依靠无人探测飞船去探测情况。

1988年，苏联宇宙物理学家阿列克塞·普斯卡夫忽然宣布：金星

◤ 金星可以说是最亮的行星

◥ 想象图：金星上的外星人基地

上也存在着像火星上那样的"人面石"。据此，科学家推测，金星与火星是一对难兄难弟，都经历过文明毁灭的悲惨命运。

科学家还说，800万年前的金星经历过地球现今的演化阶段，应该有智能生物存在。后来，金星的大气中二氧化碳越来越多，这使得温室效应越来越强烈，进而使得水蒸气散失，最终使金星的环境不再适合生物生存。

> ▶ 宇航员无法直接深入金星进行考察

迄今为止，人们在月球、金星、火星上都找到了文明的遗迹，甚至在距离太阳最近的水星表面也发现了一些断壁残垣。地球、月球、火星、金星上都有金字塔式的建筑，人们将这些联系起来后认为，地球并不是太阳系文明的起点，而金星上的城市废墟里面究竟隐藏着哪些秘密呢？希望人类能早日获知答案。

探索发现 DISCOVERY & EXPLORATION

金星上的大气压

金星有一个很厚很厚的大气层，大气中97%以上的成分是名叫二氧化碳的气体。此外，金星表面还有厚达20～30千米的浓硫酸组成的浓云，所以它的压力特别大，是地球的90多倍。

> ◆ 金星上的云层

长达2.5小时的太空对话

> "礼炮6号"轨道站发现的外星人长什么样子?
> 外星人向苏联航天员介绍了哪些神奇的事情?

据说,莫斯科国家计委大厦曾举行过一次秘密会议,苏联党务活动家、科学家、宇宙学家和UFO与超自然现象研究组织负责人约200人出席了会议。在这次会议上,苏联航天员训练计划领导人乔尔吉·别列戈沃伊向与会者透露了一个惊人的秘密:1981年5月14日至18日,苏联航天员弗拉基米尔·卜瓦连科和维克托·萨维内赫在"礼炮6号"轨道站发现一艘来历不明的银灰色球形飞船,航天员立刻用自动摄像机将它拍摄了下来。他们推断这可能是一架来自外星的飞碟。

🔺 轨道站是探索太空的绝佳实验室

第二天,飞碟同"礼炮6号"轨道站的距离又近了100米。这次,航天员清楚地辨认出飞碟上有三个外星人,他们都是蓝眼睛与褐色皮肤。后来,飞碟同"礼炮6号"的距离更近了,大约只有30米。航天员发现飞

🔻 人类有可能与UFO在太空相遇

149

碟上的外星人很像是生物机器人，因为他们的面部毫无表情。

其中一名航天员隔着轨道站的舷窗把地球人的星图拿给飞碟上的生物机器人看，飞碟上的生物机器人也把他们的星图拿给航天员看。航天员发现，飞碟人展示的星图中还有太阳系。然后，一名航天员冲着飞碟人高高竖起大拇指，飞碟上的一名外星人也竖起大拇指以示回敬。

这时，航天员用轨道站上的莫尔斯发报机发出光信号，试图与飞碟上的外星人进行沟通。最初，航天员没收到任何回音，可当他发出各种数字信号时，外星人也开始用电码向航天员发出回音。于是，航天员和外星人以数码电报机的方式展开了长达2.5小时的对话。

外星人对太阳系有所了解

在对话中，外星人称他们来自宇宙边缘的一颗星球上。他们的星球所在的星系与太阳系相似，但年龄要古老得多。他们星球上的古老文化更是保存了长达4115万年的时间。

外星人还说他们的星球早在300多万年前，即地球人类进化到原始社会阶段时，就曾驾驶飞碟访问过地球；今天的埃及金字塔就是外星访客留给地球人类的古建筑遗迹。

不仅如此，外星人还介绍了他们所在星球的科技发展程度、生物医

外星人宣称金字塔是他们留下的

▲ 外星球上的文明或
许比地球上的发达

学的发展水平、武器装备情况以及社会状况，等等。根据外星人的描述可知，他们的星球是一个极其发达的星球，各个领域都发展到了地球人所无法想象的程度。

令宇航员们震惊的是，外星人对地球的诞生及发展可谓非常了解。

令宇航员们惊讶的事还没有结束。到了第三天，令人意想不到的奇观出现了：外星人走出了飞碟舱室。他们既没穿防护服，也没戴呼吸器。他们先通过空间行走的方式飘移到"礼炮6号"轨道站附近，然后又走开了。两名航天员看得惊呆了。到了第四天，那个银灰色的球形飞碟飞走了。

"礼炮6号"的航天员同外星人的奇遇以及他们长达2.5小时的对话全部被轨道站上的自动音像设备拍录了下来。

这段长达两个多小时的太空对话真的曾经发生过吗？如果它的确曾经发生过，那么无疑人类的发展程度远不及外星智能生命。遗憾的是，这段神秘的对话并未得到官方证实。

探索发现与

DISCOVERY
& EXPLORATION

外星人的样貌

根据一些目击者的报告分析，外星人大概可以分为四种类型：矮人型（身高约0.5～1.2米）、巨人型（身高约1.8～3米）、蒙古人型（身高与人类相近，约1.3～1.8米）和怪物型（身高不定，面部恐怖狰狞）。

▶ 外星人来自宇宙中的神秘星球

寻找外星文明的"先驱者"

文中提到的金属板上记载了什么？
人类将如何与外星人进行沟通？

1972年3月，"先驱者10号"宇宙飞船进入了太空。"先驱者10号"的外壳上有一面刻有"科学语言"的镀金铝板，上面记载着与外星人沟通联络的讯息。外星人一旦看到那些讯息，就会知道地球在宇宙中的位置及地球人的模样。由于铝在太空中不易腐蚀，因此铝板上的图案可以保存到亿万年后。

人类从未停止对宇宙的探索

铝板上的图案含义很简单：一男一女站在太空飞船前，男人做出问候的手势。这两个人是根据地球人的特征绘制而成的。外星人根据这两个人和太空船的实际比例就可以知道地球人的身高。

金属板上有太阳和九大行星（当时，冥王星未被排除在大行星之外）的图案，其中的第三颗行星——地球是这个太空船的家乡。从左边数第四个小圆圈发出的曲线表示"先驱者10号"飞船的飞行轨迹——由地球出发，绕过木星，向太阳系外飞去。金属板左边像蜘蛛一样的图案，是用

冥王星

来告诉外星生物我们在银河系里的位置。

图的左上角的图案是一个中性氢的超精细跃迁及氢分子结构。来自我们所在星系空间的中性氢原子辐射的波长，是由基态氢的超精细跃迁所致，与静止时氢的对应辐射波长不同。两者的差别蕴涵着我们星系的结构和内部运动的信息。

▲ 卡戎星与冥王星

尝试与外星人联络的科学家们相信地球人并非宇宙间唯一的高等生命。这项寻找外星人的科学研究计划是美国太空发展计划中的一项，在人类科技史上具有重要意义。它表明科学家公开承认对外星人的研究是有必要的，而且有可能带领着人类文明进入一个新纪元。但是，与外太空的高智慧生命进行沟通并非易事，因为外星人与我们之间并没有共通语言。我们只有通过向宇宙发射电波讯息，且发出的电波能被外星人"解码"，才能与外星人进行信息交流。

我们相信，总有一天人类会与地外智能生命取得联系。

◆ 人类期待能与外星人进行交流

探索与发现
DISCOVERY & EXPLORATION

冥王星被开除行星行列

与太阳的八大行星相比，冥王星的质量和体积都很小，它没法吸引在它轨道附近的物体。而且，它的公转轨道竟是一个有很大离心率的椭圆。根据2006年8月24日国际天文学联合会大会的决议，冥王星被视为太阳的矮行星，而不再是行星。

图书在版编目（CIP）数据

你不可不知的外星人与UFO之谜／龚勋主编. —汕
头：汕头大学出版社，2018.1（2024.2重印）
（少年探索发现系列）
ISBN 978-7-5658-3252-9

Ⅰ．①你… Ⅱ．①龚… Ⅲ．①外星人—少年读物②飞
盘—少年读物 Ⅳ．①Q693-49②V11-49

中国版本图书馆CIP数据核字（2017）第309822号

▷少▷年▷探▷索▷发▷现▷系▷列◁
EXPLORATION READING FOR STUDENTS

你不可不知的 外星人与UFO之谜

NI BUKE BUZHI DE WAIXINGREN YU UFO ZHI MI

总 策 划　邢　涛
主　　编　龚　勋
责任编辑　汪艳蕾
责任技编　黄东生
出版发行　汕头大学出版社
　　　　　广东省汕头市大学路243号
　　　　　汕头大学校园内
邮政编码　515063
电　　话　0754-82904613
印　　刷　水印书香（唐山）印刷有限公司
开　　本　720mm×1000mm 1/16
印　　张　10
字　　数　150千字
版　　次　2018年1月第1版
印　　次　2024年2月第8次印刷
定　　价　19.80元
书　　号　ISBN 978-7-5658-3252-9